WRF-CMAQ 气象化学耦合模型运用及分析

——以武汉地区黑碳气溶胶分布特征为例

赵锦慧　编著

国家自然科学基金青年项目(武汉市黑碳气溶胶在“大气-地表尘-植物群落吸滞尘-表土”系统中沉降规律的观测研究,41401559)资助

科学出版社

北　京

内 容 简 介

黑碳气溶胶是大气污染物的重要组成部分,参与大气物理、大气化学、大气光化学过程,对气候、环境及人体健康等方面产生影响。本书基于 WRF-CMAQ模型的运算结果,分析黑碳气溶胶的分布规律。首先介绍 CMAQ 模型、WRF 模型,确定排放源清单的概况,然后介绍基于 WRF-CMAQ 气象化学耦合模型的参数设置,运行此模型得到武汉地区黑碳气溶胶的质量浓度,最后以武汉市一年期的黑碳气溶胶实测数据作为实例进行验证,确定耦合模型的精度。

本书适合大气科学、环境科学的科研工作者、相关专业本科生和研究生阅读。

图书在版编目(CIP)数据

WRF-CMAQ气象化学耦合模型运用及分析:以武汉地区黑碳气溶胶分布特征为例/赵锦慧编著. —北京:科学出版社, 2017. 12

ISBN 978-7-03-055699-8

Ⅰ. ①W… Ⅱ. ①赵… Ⅲ. ①碳—气溶胶—气象—耦合模—研究—武汉
Ⅳ. ①P4

中国版本图书馆 CIP 数据核字(2017)第 293627 号

责任编辑:孙寓明 杨光华 / 责任校对:刘 畅

责任印制:张 伟 / 封面设计:苏 波

科学出版社 出版

北京东黄城根北街 16 号

邮政编码: 100717

http://www.sciencep.com

北京凌奇印刷有限责任公司 印刷

科学出版社发行 各地新华书店经销

*

开本:787×1092 1/16

2017 年 12 月第 一 版 印张:11 3/4

2022 年 3 月第五次印刷 字数:237 000

定价:68.00 元

(如有印装质量问题,我社负责调换)

前　言

美国国家环境保护局开发的公共多尺度空气质量模型(community multiscale air quality,CMAQ),于1998年6月首次发布,经过十几年的研究发展,已经更新到5.1版本。CMAQ在模拟过程中能将天气系统中、小尺度气象过程对污染物的输送、扩散、转化和迁移过程的影响融为一体,综合考虑区域与城市尺度气象过程、气相与液相化学过程、非均相化学过程、气溶胶过程和干湿沉降过程,模拟臭氧、气溶胶成分(PM_{10}和$PM_{2.5}$)及酸性前体物等污染物在大气中的迁移扩散和化学反应,能够预报各种气溶胶对能见度的消光贡献以及灰霾现象的发生、持续和消亡过程,能够多尺度模拟从城市到区域的大气环境质量,CMAQ模型系统代表着当前大气化学、污染物迁移和沉降的主要研究成果。

目前国内外对CMAQ的应用研究主要分为三个方面:一是通过污染物的模拟值与观测值的对比来分析化学传输模块(CCTM)模型的模拟性能,探索误差的形成原因以及寻求提高模拟精确度的方法;二是通过对空气中各种污染物质的浓度的模拟来分析污染程度,预测未来的空气状况或者评估污染物减排措施带来的空气质量的改善;三是研究空气中各污染物的来源与产生机理以及传输和扩散过程,揭示大气污染物的跨地区传输性,为有效治理大气污染提供科学依据。目前CMAQ最多可模拟预测80多种污染物,研究最多的常规污染物有臭氧、氮氧化物和硫氧化物以及大气颗粒物等。

CMAQ的数值计算所需的气象场数据由气象模型提供,如第五代中尺度气象模型(mesoscale model5,MM5)和天气研究与预报模型(weather research and forecasting model,WRF)等;所需的污染源清单由排放处理模型提供,如大气排放源清单处理模型(SMOKE)等。本书选用天气研究和预报(WRF)模型作为CMAQ模型的气象驱动场,WRF模型作为一个公共气象模型,由美国国家大气研究中心(The National Center for Atmospheric Research,NCAR)负责维护和技术支持,免费对外发布。WRF模型重点考虑1～10 km的水平网格,从不同尺度进行重要天气特征预报，具有多重嵌套及易于定位于不同地理位置的能力。

CMAQ 的数值计算所需的污染源数据是基于 MeteoInfoLab 软件和 2012MEIC 源清单文件制作的区域大气污染源排放清单，运行结果可为网格化时空变化的排放源输入 CMAQ 模型。

本书运用 WRF-CMAQ 气象化学耦合模型，可用于日常的空气质量预报，如区域与城市尺度对流层臭氧、大气气溶胶、能见度和其他空气污染物的预报，还可以用来评估污染物减排效果，预测环境控制策略对空气质量的影响，从而制定最佳的可行性方案。

本书中参考的 WRF 网站资料包括：WRF（ARW）建模系统的用户指南（http://www2. mmm. ucar. edu/wrf/users/docs/user_guide_V3. 9/ARWUsersGuideV3. 9. pdf）；WRF-ARW 网络教程（http://www2. mmm. ucar. edu/wrf/OnLineTutorial/index. htm）；WRF 版本的描述（http://www2. mmm. ucar. edu/wrf/users/docs/arw_v3. pdf）；WRF 模型的参数选项和引用（http://www2. mmm. ucar. edu/wrf/users/docs/wrf-dyn. html 和 http://www2. mmm. ucar. edu/wrf/users/phys_references. html）；WRF 软件工具和文档（http://www2. mmm. ucar. edu/wrf/WG2/software_2. 0/index. html）；WRF 安装教程（http://bbs. 06climate. com/forum. php? mod=viewthread&tid=35248）。本书中参考的 CMAQ 资料包括：CMAQ 技术文档（https://www. airqualitymodeling. org/index. php/CMAQ_version_5. 1_(November_2015_release)_Technical_Documentation）；CMAQ 自述文件（https://www. airqualitymodeling. org/index. php/CMAQv5. 1_Readme_file）；CMAQ 模型说明（https://www. airqualitymodeling. org/index. php/CMAQv5. 1_Two-way_model_release_notes）；CMAQ 业务指导文档（https://github. com/USEPA/CMAQ/blob/5. 2/DOCS/User_Manual/README. md）。本书还参考了气象家园论坛（http://bbs. 06climate. com/forum. php? mod=viewthread&tid=37293），在此一并表示感谢。

本书涉及的 WRF-CMAQ 耦合模型设计、排放源清单的制作、模拟参数确定、初始条件和边界条件的给定等内容，是在项目组成员何超在中国气象科学研究院王亚强研究员、程兴宏研究员的大力指导下完成的，在此向他们表示诚挚的谢意。项目组成员黄超、谢子瑞进行了为期 18 个月的野外采样工作，得到了翔实的第一手观测数据；项目组成员郁车金子、王云婷收集了大量文献资料，并参加了部分校对工作，在此对他们辛勤的劳动表示感谢。

由于作者水平有限，书中不足之处在所难免，敬请读者批评指正。

赵锦慧
2017 年 6 月

目　　录

第 1 章　CMAQ 模型简介

公共多尺度空气质量模型(community multiscale air quality,CMAQ)针对中、小尺度天气系统的气象过程,对污染物的传输、扩散、迁移转化过程的影响,对区域尺度相互影响的污染物及污染物的各种气相变化进行模拟,分析污染物的液相变化、干湿沉降、非均相变化、气溶胶的形成等过程对浓度分布的影响,在国内外的应用研究比较多。

CMAQ 模型包括五个模块,即初始值模块(initial conditions processor,ICON)、边界值模块(boundary conditions processor,BCON)、光化学分解率计算模块(photolysis rate processor,JPROC)、气象-化学接口模块(meteorology-chemistry interface processor,MCIP)和大气化学模块(CMAQ chemical-transport model processor,CCTM)。其中 CCTM 模块是核心,可以模拟污染物的传输过程、沉降过程和化学过程,具有可扩充性,如加入云过程模块、扩散与传输模块和气溶胶模块等,以便于模型在不同区域的模拟;MCIP 模块可以把气象数据转化为 CCTM 可识别的数据格式;ICON 和 BCON 可以为 CCTM 提供污染物初始场和边界场。

1.1　CMAQ 模型的功能

1.1.1　CMAQ 模型的应用方向

CMAQ 模型主要用于数值模拟领域,在初始阶段,研究者大多将其应用于模拟污染物如SO_2、O_3、酸沉降、颗粒物等的物质污染过程(Khiem et al.,2011;Borge et al.,2010;Smyth et al.,2006;Byun et al.,2006),随着模型应用的逐渐成熟,CMAQ逐渐与计算机语言结合起来(李明君 等,2011),开发了新的空气质量预报系统,建立了新的大气环境容量计算方法,在实际应用中取得了良好的效果(武传宝 等,2013)。

例如,Appel等(2012)以O_3、$PM_{2.5}$、PM_{10}等污染物的浓度作为模拟对象,评价了2006年北美和欧洲地区的空气质量;Lee等(2011)在CMAQ模型中引入了卫星遥感的光学厚度产品到气溶胶的模拟领域,更精准地评价了美国的空气质量。

1.1.2 CMAQ模型应用实例

许多学者对计算机辅助制造(computer aided manufacturing,CAM)(李鑫 等,2013;胡海波 等,2011)、CMAQ(王占山 等,2013;聂邦胜,2008)空气质量模型的研究进展进行了总结,并应用于大气环境质量的分析上(张骁 等,2015;皮子坤 等,2014),集中表现在以下几个方面。

(1) 模拟污染物的污染过程。模拟污染物(Ding et al.,2016;Jiang et al.,2015)的污染过程,探究气溶胶污染对区域气象环境的影响(李剑东 等,2015;Zhuang et al.,2014)。

(2) 臭氧污染模拟。针对珠江三角洲地区的臭氧污染,研究人员通过综合观测实验,进行臭氧污染模拟与过程分析(沈劲 等,2011;张礼俊,2010)。

(3) 雾霾污染来源的模拟。通过模拟计算$PM_{2.5}$及其主要成分、光散射系数的来源,分析各地区雾霾污染的主要原因(张小曳 等,2013;王益柏 等,2009),有助于所研究地区的环境管理部门进一步制定有针对性的雾霾污染控制方案。

(4) 基于CMAQ模型的空气质量预报系统。空气质量模型在国内得到了应用和发展,取得了良好的本地化效果(孙龙,2011;付维雅,2010),通常预报系统整合空气质量模型、污染排放模型和气象模型,实现空气质量自动模拟或预报(程念亮 等,2015;赵树云 等,2014)。

1.1.3 CMAQ功能概述

用于模拟化学污染物和污染物传输的CMAQ建模系统(图1.1),包括气象模块、排放源模块和后处理分析包模块,可以模拟影响臭氧、颗粒物及其他污染物的传输、转化和移除等大气过程。

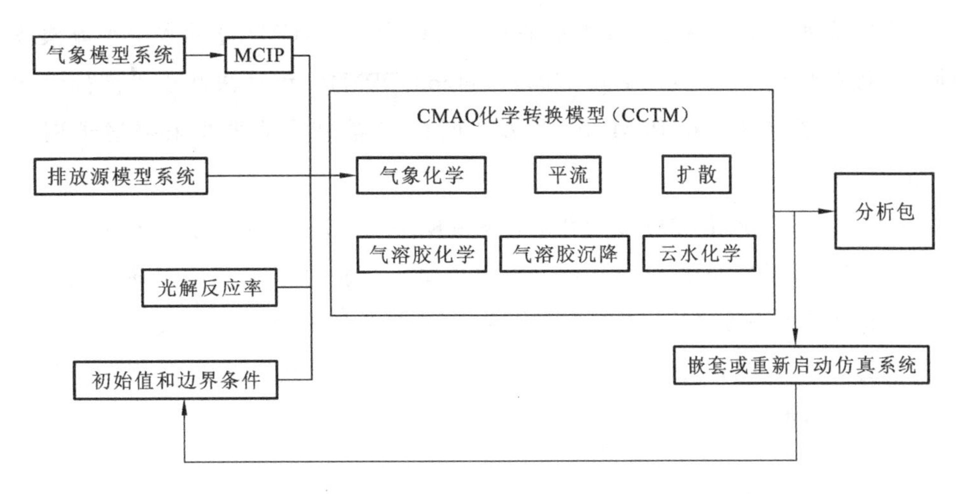

图1.1 CMAQ化学-运输模型和相关预处理器

1. 对流层气相化学机制

CCTM针对对流层气相化学机制(gas-phase chemistry solvers),基于化学动力反应和物质守恒,用微分方程求解来计算每个时间步长的浓度和速率。

CCTM目前包含三个解决气相化学转化的选项:Rosenbrock(ROS3)求解器、Euler后向迭代(Euler backward iterative,EBI)求解器和稀疏矩阵矢量化Gear求解器。

CMAQv5还包括用于模拟污染物中的氯、汞和其他有毒物质的化学性质的选项。

2. 光解反应

光解作用是利用太阳能分解有机污染物的过程,微量气体的光解可以引发在大气中发生的大多数化学反应,影响大气环境中某些污染物的归趋,涉及烟雾的形成以及空气污染的形成问题,因此,能否准确地模拟光化学反应是影响空气质量模型性能的关键问题。

光解速率是太阳辐射量的函数,根据时间、纬度、地面特征、云量和气溶胶在大气中的吸收和散射的影响而变化。

3. 平流扩散

如果污染物通过平流输送进行长距离传输,则污染物浓度没有太多变化;如果污染物主要通过扩散传输,则污染物将更快地混合并更靠近污染源,这将导致污染物浓度的显著变化。

污染物通过平流输送可分为水平和垂直两个分量，CMAQ的水平平流模块使用分段抛物线法(piecewise parabolic method，PPM)。该算法基于平流标量的体积子网格来定义。在PPM中，由每个网格间隔中的抛物线来描述子网格分布。

CMAQ同样使用PPM作为其垂直平流模块。首先通过连续性方程进行列积分，以获得列质量的变化，然后使用水平质量差异求解，在光化学空气质量条件中观察示踪物质的强度梯度。在CMAQv5中，处理生物源和点源排放使用国际计算机学会(Association for Computing Machinery，ACM)在线方法，计算垂直分布过程的排放数据。

4. 气溶胶颗粒

在空气质量领域内，大气气溶胶颗粒称为颗粒物(particulate matter，PM)。通过干湿沉降将颗粒物沉积到地面上，两者都可以通过CMAQ建模。湿沉降在CMAQ的云模块内进行计算；在干沉降中，颗粒物是通过湍流运动和重力沉降来完成。

CMAQ的干沉降模块从模型中的质量和数量浓度来计算颗粒分布，然后计算干沉降速率。

5. 云与水相化学机制

云是空气质量模拟的重要组成部分，在含水化学反应、污染物的垂直混合和湿沉降去除污染物方面发挥关键作用；云量还通过改变太阳辐射间接地影响污染物的浓度，如化学污染物和生物源排放的污染物。

CCTM中的云模块，在垂直方向上关注污染物的分布，运用湿沉降量计算云内清除和沉降清除，预测从云中的上层到低云层的输送趋势。

6. 沉降过程

CMAQv5改进和增强了模型中污染物质干沉降过程的模拟，增加了用于氨和汞的双向交换模块，配置了沉降速度和沉降通量的输出。

7. 在线排放

CMAQv5包括一系列在CCTM模块中在线计算和处理排放源的选项。在线排放选项包括以下几方面。

(1) 为生物源排放模块提供可用于计算植被和土壤的排放强度的数据。

(2) 可以为点源计算羽流上升的相关参数。

(3) 提供气象和土地覆盖数据，用于估算风蚀粉尘排放数据。

(4) 更新了海盐排放数据。

8. 过程分析

CCTM还包括一个过程分析(process analysis，PA)模块。PA是一种关注于各种单独的物理和化学过程，对污染物分解和浓度变化进行预测的技术。利用PA提供的信息，可以识别模型或输入数据中的误差，在空气质量模拟运行中对质量控制具有重要作用，另外PA模块还有一些其他的应用。

(1) PA是一个非常强大的分析工具，用于确定污染物浓度动态变化的过程(化学、平流、扩散等)。

(2) PA作为模型开发的工具，可以评估对模型或过程模块所做的修改的效果。

(3) PA作为监管决策的一个工具，可以帮助确定控制特定类型排放的决策是否会产生所需的结果，如果答案是否定的，则可以帮助确定更有效的另一种控制类型。

总之，CMAQ是一种多污染物多尺度空气质量模拟系统，用于估计臭氧、颗粒物、有毒空气污染物、能见度和酸性污染物的浓度变化，模拟影响空气污染物转化、传输和沉积的复杂大气过程。

1.2 CMAQ系统安装

1.2.1 安装准备

用户从网站(http://www.cmascenter.org)下载CMAQ源代码、脚本和基准数据Linux tar文件，以及描述安装和执行过程的各种文档的链接。

1.2.2 安装文件

CMAQ源代码(如Fortran)转换成机器代码(也称为机器语言或目标代码)，用于构建“可执行文件”，即二进制文件，这些可执行文件通过专用的编译器程序来创建。

CMAQ 安装包括用于对建模系统进行基准化的数据集。打开 M3HOME 目录中的分发包的各种 tar 文件，将 CMAQ 源代码、脚本和基准数据文件安装在默认运行与构建脚本识别的目录结构中，相对于其他 CMAQ 目录，CMAQ 脚本要求用户仅选择 M3HOME 目录的位置。

在 M3HOME 目录下，scripts 目录包含构建和运行脚本；models 目录包含模型源代码；data 目录包含模型的输入和输出数据；lib 目录包含构建 CMAQ 可执行文件所需的编译二进制库文件。

1. 编译 MCIP

MCIP 使用 Fortran Makefile 进行编译。要创建 MCIP 可执行文件，使用 MCIP 分发的 Makefile，在其中设置编译器 compiler flags 及其 netCDF 和 I/O API 库路径。

2. 编译 CMAQ 其他程序

利用程序模型构建器，将源代码编译为可执行文件，编译 CMAQ 的其他程序。

编译 CMAQ 的第一步是编译模型构建器，其次编译程序库 STENEX 和 PARIO，然后继续编译其余的 CMAQ 程序。对于所有 CMAQ 程序和库，必须更改构建脚本中 Fortran 和 C 编译器的目录路径，以反映系统上的正确位置。

CCTM 可以以单处理器（串行）模式运行，也可以在多个处理器上并行运行，创建模板交换（STENEX）库以进行串行和并行处理。验证 bldit. se 文件中的 MPI INC 变量是否指向系统上 MPICH INCLUDE 文件的正确目录路径，最后创建并行输入/输出（PARIO）库。

接下来为 JPROC、ICON、BCON、MCIP 和 CCTM 创建模型可执行文件。

1.2.3 运行程序

1. 基准测试

基准测试是将模型用于实际应用之前，确认模型源代码在新计算机系统上能否编译和正确执行的过程，确保从本地系统引进到模型解决方案中的参数（如编译器，处理器或操作系统）保持前后一致。

将编译器配置集中到config.cmaq脚本中，创建模板交换库以进行串行和并行处理，验证bldit.se文件中的MPI INC变量是否指向系统上MPICH INCLUDE文件的正确目录路径。

对于多处理器应用程序，CMAQ使用MPICH消息传递接口来管理集群多处理器计算环境中的处理器之间的通信。在编译CCTM进行并行执行之前，必须在CCTM构建脚本中指定系统上MPICH目录的位置。对于单处理器系统，通过注释激活CCTM构建脚本的变量“ParOpt”的行来创建单处理器可执行文件。

完成CMAQ基准测试后，可以将CCTM输出文件与CMAQ分发中提供的参考数据集进行比较，绘制输出数据和基准数据之间的对比图来比较。

2. 运行CCTM

成功编译CMAQ各程序后，使用分布式运行脚本生成CCTM输入文件，然后为CMAQ基准案例运行CCTM。首先运行的是MCIP，其他程序按任何顺序运行并为CCTM创建所需的输入数据。

除了使用CMAQ编译时的配置选项，还有执行时的配置选项（在运行模型时和编译时选择的选项）。水平域配置和垂直坐标系是CMAQ中独立于可执行文件的动态特征。可以对于使用任何支持的地图投影或网格定义的模拟采用单个可执行体，而不必将源代码重新编译成新的可执行文件。

在CMAQ科学配置中，各种化学机制、水平和垂直传输方案、云方案和化学解算器的组合太多，无法有效地包含在单个可执行文件中。所以每次添加新模块到模型时，需科学地配置并重新编译CMAQ。

1.3　CMAQ主要输入模块

CMAQ程序需要五个基本配置选项：Case（标识模拟过程的唯一字符串）、Grid（定义包括相对于固定地图投影和水平网格模型）、Projection（在地球表面定义水平面，用于指定地球上的建模网格的大致位置）、Vertical Structure（为垂直网格定义边界层）和Chemical Mechanism（CMAQ模拟过程中的光化学机制、气溶胶化学机制和水溶性化学机制的名称)。

CMAQ使用MCIP处理器为CCTM的气象场做准备。ICON和BCON处理器为CCTM模拟生成初始和边界条件。JPROC计算了在CCTM模拟光化学反应时所使用的光解率。还有化学机制编译模块CHEMMECH、电闪计算模块LTNG_2D_DATA、过程分析模块PROCAN和农作物日历定位模块CALMAP。

1.3.1 气象-化学交互模块MCIP

MCIP使用来自气象模型输出文件的气象信息(如大气温度、压力、湿度和风)来创建netCDF格式的气象输入文件,形成气象模型的输出域,MCIP需要提取专用于CCTM水平网格的气象模型输出数据,为CMAQ及其CMAQ内的CCTM模块提供排放源文件(图1.2)。

图1.2 气象预处理流程

MCIP会对较高垂直分辨率的"Collapses"气象模型场的数据输出使用质量加权平均。

云参数的变化会影响CCTM水相化学和云混合的过程。MCIP通过迭代求解和能量守恒方程获得与温度曲线相称的云覆盖率。

1.3.2 初始场和边界场条件模块ICON和BCON

为了能够进行空气质量模拟,还需要初始场和边界场条件。ICON模块为化学物质的浓度预测提供时间步长。BCON为模型提供单个化学物质的浓度。在每个处理器的单次运行中,ICON和BCON可以生成CMAQ所需的所有化学物质浓度。

这些处理器只需要两个输入数据类型:一是要模拟的化学物质的浓度文件;二是相关化学反应机制。相应的设置包括以下几种。

(1) Concentration file:使用ICON和BCON确定的浓度文件。

(2) A time-independent set of vertical concentration profiles：该方法取决于所使用的化学机制。当没有初始、边界浓度的其他信息可用时，通常采用该方法。但是在CMAQv5中分布有CB05机制、SAPRC-07T机制、SAPRC-99光化学机制和CMAQ AERO6气溶胶模块的机制，设置在计算网格的四个边界(北、东、南、西)，因此可以固定空间。

(3) Existing CCTM 3D concentration fields：当执行嵌套模型模拟时选择该选项，可以从粗网格分辨率模拟获得先前CCTM模拟的模式结果。当CCTM模拟在单独的运行步骤中在时间上延长时，也使用现有的CCTM浓度场。

(4) Chemical mechanism：通过特定化学机制将垂直浓度和CCTM浓度场联系在一起，该机制其实是文件最初生成的有关函数。从图1.3可以看出用于为CCTM生成初始场和边界场条件化学机制的选项，既可以是ASCII输入的文件，也可以是现有的CCTM 3D浓度文件。当配置ICON和BCON时，必须考虑用于CCTM模拟的气相化学机制和气溶胶模块。当使用现有的CCTM 3D浓度文件时可以使用和生成几种不同的化学机制。

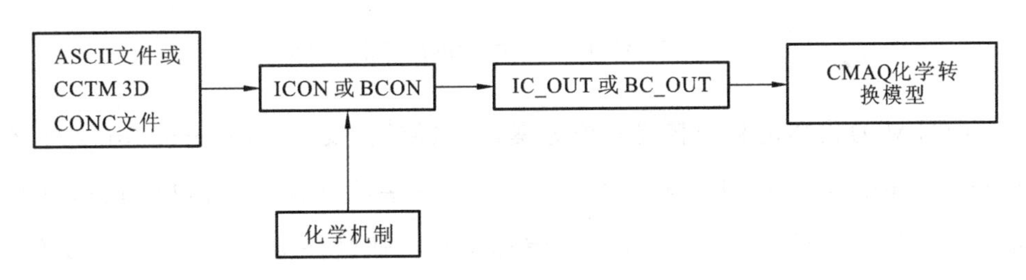

图1.3　CMAQ预处理初始场和边界场条件

在CCTM和CMAQ输入处理器中的化学机制必须与用于生成输入ICON和BCON的化学机制一致。如果输入的数据是标准的I/O API格式，则ICON和BCON可以将模型中使用的水平或垂直坐标系统插入到需要模型模拟的文件中。

1.3.3　光化学速率计算模块JPROC

对于CMAQ光解速率模块JPROC，主要用于生成晴天光解离的反应速率。

在辐射传递模型中使用JPROC，来计算光解速率所需的光化通量(光化辐射通量，单位为光子数·cm^{-2}·min^{-1})。可以计算在各种纬度、高度和天顶角下的光解反应速率。

1.3.4 化学机制编译模块 CHEMMECH

图 1.4 显示了 CHEMMECH 与 CMAQ 建模系统的其他部分之间的关系。CHEMMECH 是为了定义 CMAQ 程序的化学参数而生成的一个定义化学机制的文件，命名为“mech. def”，是一个易于理解和修改的 ASCII 文件。INCLUDE 文件包括 RXDT. EXT、RXCM. EXT 和 SPC. EXT。

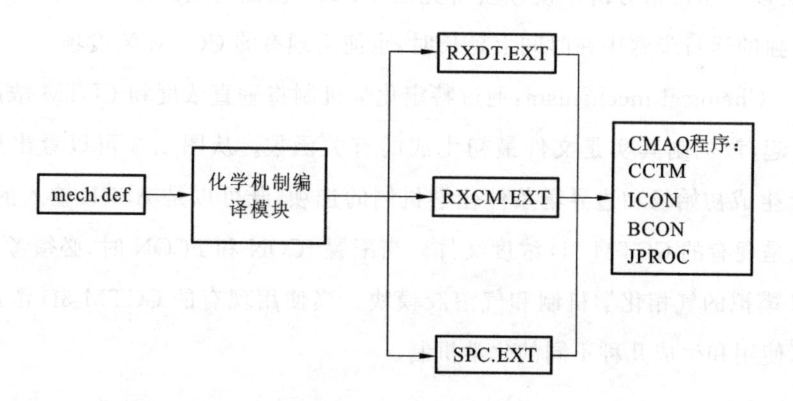

图 1.4 在 CMAQ 中调用新/改进气相化学机制

CCTM 的化学机制的替代实施方案，可以使用 mechanism namelist 文件代替 mechanism INCLUDE files 文件。namelist 方法的好处是，可以将化学机制定义成为运行时的配置选项，而不是编译配置。通过仔细修改 namelist 文件，用户可以添加或减去保存到输出文件中的物质，并应用标度因子来输入排放物质，而无须重新编译 CCTM。用 namelist 方法只能定义 CCTM 中的化学机制；而 ICON、BCON 和 JPROC 中化学机制的定义则需要标准的 INCLUDE 文件方法。

1.3.5 过程分析模块 PA

PA 模块是一套计算系统，是 CMAQ 中的一个配置选项，通过定义 PA 中配置选项的 Fortran INCLUDE 文件编译 CCTM 来实现(图 1.5)。该系统可以跟踪单个化学和物理过程的定量效应，预测由 CCTM 模块模拟计算输出的每小时物质浓度。

使用配置文件(Pacp. inp)作为输入数据，用于定义要使用 PA 模块跟踪的模

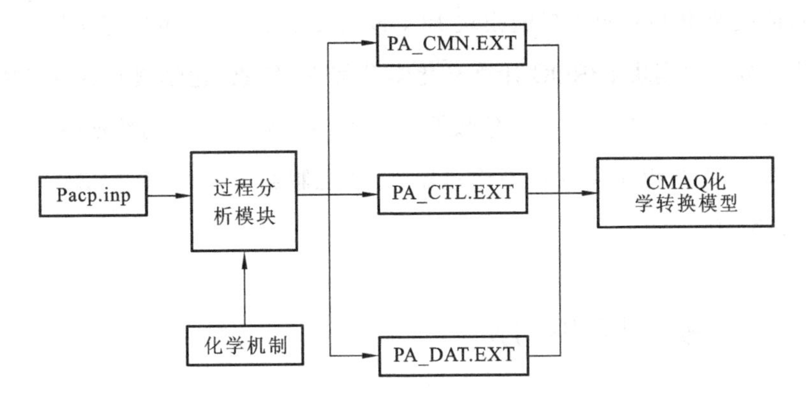

图1.5　CMAQ建模系统中的流程分析

型种类和过程，并输出三个编译CCTM时所使用的INCLUDE文件（如PA_CMN.EXT、PA_CTL.EXT和PA_DAT.EXT）。

1.4　CMAQ主程序

CMAQ基本空气质量模型模拟所需的核心程序是MCIP、ICON、BCON、JPROC和CCTM，如图1.6所示。

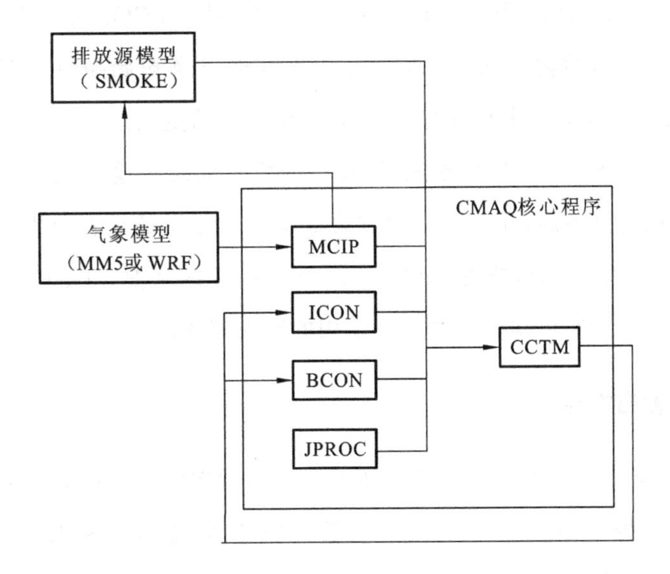

图1.6　CMAQ核心程序

其中化学传输模块（CCTM），可以模拟污染物的传输过程、化学过程和沉降过程；初始值模块 ICON 和边界值模块 BCON 为 CCTM 提供污染物初始场与边界场；光化学分解率模块 JPROC 计算光化学分解率；气象-化学接口模块 MCIP 是气象模型和 CCTM 的接口，把气象数据转化为 CCTM 可识别的数据格式；CMAQ 中包含的辅助支持程序包括模型构建器、化学机制编译器(CHEMMECH)、过程预处理程序(PA)。

1.4.1 模型构建程序

模型构建器(Bldmake)是在系统上安装 CMAQ 源代码之后需要编译的第一个程序，可以创建 CMAQ 的可执行文件(除了 MCIP)，能够提供一个用于导出源代码的 CVS 源代码归档的接口和用于构建二进制可执行文件的 Fortran 90 编译器，它还提供了生成 Linux Makefile 的选项。

1.4.2 边界条件程序

CMAQ 所做的嵌套在边界条件程序(BCON)模块中完成，BCON 沿着建模区域的水平边界生成一个网格化的二进制 netCDF 文件，BCON 将以 ASCII profile 数据插入到 CCTM(两者配置一致的垂直分辨率)中。BCON 的配置选项主要包括选择建模时要用的化学机制、水平与垂直网格以及初始条件的选择(是来自 ASCII profiles 还是选择来自现有 CCTM 输出文件的生成)。

BCON 有两种不同的操作模式，所使用的模式取决于输入数据的性质。当创建 BCON 可执行文件时，用户必须通过为 ModInpt 变量的设置分别选择“profile”或“m3conc”来指定输入数据是 ASCII vertical profiles 还是 CONC 文件。此变量用来确定创建 BCON 可执行文件时要使用的输入模块。

1. 输入输出文件

用户提供的 BC 输入文件必须与 BCON 可执行文件的配置机制相一致。通过在 BCON 运行脚本中指定 ModInpt 变量，BCON 将输入 ASCII vertical profile (BC_PROFILE)或现有的 CCTM 浓度文件(CTM_CONC_1)。

在执行 BCON 时分别输入网格描述(GRIDDESC)文件和气象交叉点(meteorology cross-point 3D)(MET_CRO_3D)文件来定义 BCON 的水平网格和

垂直层结构。

BCON输入文件,见表1.1。

表1.1　BCON输入文件

文件名	格式	描述
BC_PROFILE	ASCII	这个文件是由用户创建的,环境变量设置为"profile配置文件",从中获得边界条件
CTM_CONC_1	GRDDED3	CMAQ浓度文件从CCTM中派生的边界条件;该文件输出CCTM;环境变量设置为"m3conc"
MET_CRO_3D_CRS	GRDDED3	名称和粗网格MET_CRO_3D文件,模拟垂直网格结构所需的位置
MET_CRO_3D_FIN	GRDDED3	名字和细网格MET_CRO_3D文件,模拟垂直网格结构的变化需要的位置
GRIDDESC	ASCII	定义模型网格的水平网格描述文件;该文件输出的MCIP也可以由用户创建
LAYER_FILE	GRDDED3	立体交叉点气象定义的模型网格的垂直层次结构文件
gc_matrix.nml	ASCII	通过边界输入到模型的气相物质名单文件
ae_matrix.nml	ASCII	通过边界输入到模型的气溶胶的物质名单文件
nr_matrix.nml	ASCII	非活性物质,通过边界模型的输入文件名称
tr_matrix.nml	ASCII	通过边界输入到模型的示踪物质名单文件

BCON输出文件见表1.2。BCON输出文件的默认位置是$M3DATA/bcon目录,由运行脚本中的OUTDIR变量控制。BCON输出文件的默认命名约定在文件名中使用APPL和GRID_NAME环境变量。

表1.2　BCON输出文件

文件名	格式	描述
BNDY_CONC_1	BNDARY3	来自于GRID_NAME模型网格数据的名称和网格边界条件定义的输出位置

1.4.3　化学传输程序

化学传输模块CCTM是CMAQ的核心模块，用于对平流、扩散和对流机制的大气化学过程、输送和沉降过程进行模拟。CCTM集成了预处理程序(JPROC、BCON、ICON和MCIP)的输出数据以及CMAQ输入排放源(SMOKE)的输出数据，从而来模拟连续的大气化学条件，根据用户定义的时间频率(一般是每小时)生成并输出相关物质的浓度，输出的数据文件都是经过网格化和时间分辨的空气污染信息的二进制netCDF文件。

1. CCTM的输入文件

CCTM使用来自其他模型和CMAQ输入处理程序的数据作为模型模拟的输入如图1.7所示。

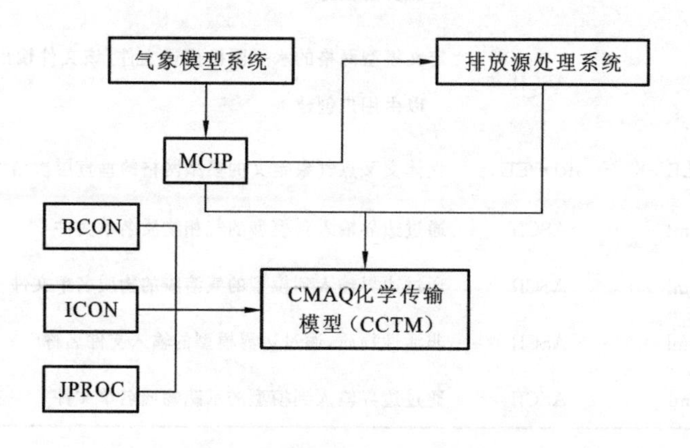

图1.7　CMAQ化学传输模型(CCTM)及输入模块

图1.8表明了CCTM的输入和输出文件的配置选项。当运行CCTM时，用户设置水平网格和垂直网格定义用于不同的空间域模拟的输入文件，垂直网格结构与输入文件可以与单个CCTM可执行文件一起使用。

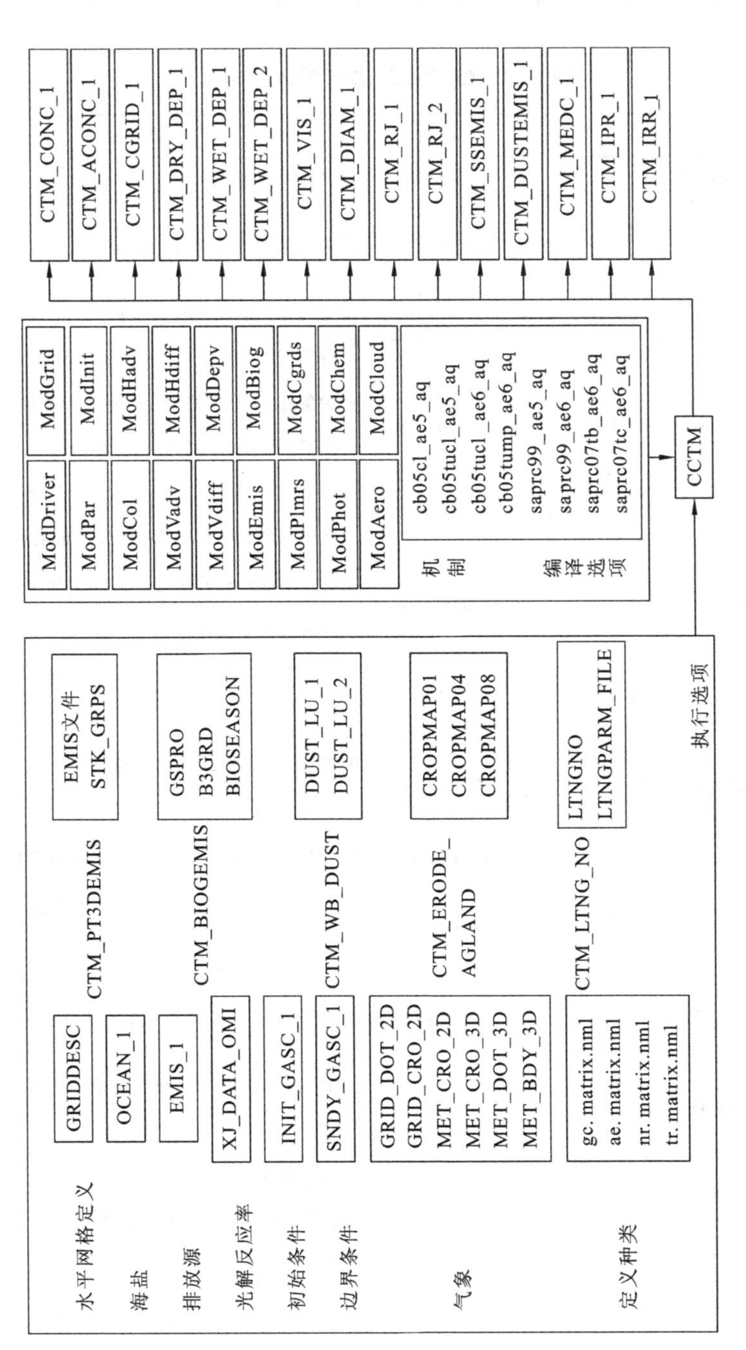

图1.8 CCTM输入及输出文件

CCTM输入文件包括必需的和可选的文件，其中必须输入文件如表1.3所示。

表1.3 CCTM的必须输入文件

文件名	格式	描述
GRIDDESC	ASCII	定义地图投影和网格
OCEAN_1	GRDDED3	定义每个模型网格的二维文件的名称与位置
EMIS_1	GRDDED3	特定气相化学机制和模型扩展文件输出名称与位置
INIT_GASC|AERO| NONR|TRAC_1	GRDDED3	初始条件为特定的三维气相化学机制和PM点模型扩展文件的名称与位置
BNDY_GASC|AERO| NONR|TRAC_1	BNDARY3	来自BCON输出边界条件为3D特定的气相化学机制和PM点模型扩展文件的名称和位置
GRID_CRO_2D	GRDDED3	由MCIP输出的长期有效的二维交叉点气象文件的名称和位置
GRID_DOT_2D	GRDDED3	由MCIP输出的长期有效的二维气象文件的名称和位置
MET_CRO_2D	GRDDED3	由MCIP输出的二维交叉点气象文件的名称和位置
MET_DOT_3D	GRDDED3	由MCIP输出的3D气象文件的名称和位置
MET_CRO_3D	GRDDED3	由MCIP输出的3D交叉点气象文件的名称和位置
MET_BDY_3D	BNDARY3	由MCIP输出的3D边界气象文件的名称和位置
XJ_DATA	ASCII	从JPROC输出的每日晴空光解率的文件名称和位置
OMI	ASCII	臭氧列数据
gc_matrix.nml	ASCII	通过边界模型的输入定义气相物质的名称列表文件
ae_matrix.nml	ASCII	通过边界模型的输入定义气溶胶物质的名称列表文件
tr_matrix.nml	ASCII	通过边界模型的输入定义的示踪物质的名称列表文件

可选的CCTM输入文件如表1.4所示。

表1.4 可选的CCTM输入文件

文件名	格式	描述
STK_GRPS	GRDDED3	点源排放烟雾的参数文件
GSPRO	ASCII	归一化生物排放输入到CCTM
B3GRD	GRDDED3	BEIS3归一化生物排放输入，产生于SMOKE Normbeis3程序
BIOSEASON	GRDDED3	创建实用程序Metscan SMOKE
DUST_LU_1	GRDDED3	计算被风蚀的粉尘排放数据文件
DUST_LU_2	GRDDED3	新建的被风吹蚀的粉尘排放数据文件，计算土地使用“合计量”
CROPMAP01	GRDDED3	通过CMAQ预处理Cropcal产生的网格化数据，估算从种植开始日期侵蚀的农田扬尘排放量
CROPMAP04	GRDDED3	由CMAQ预处理器Cropcal估算种植结束日期时农田网格受侵蚀的粉尘排放
CROPMAP08	GRDDED3	由CMAQ预处理器Cropcal，估算收割结束时农田排放的粉尘
LTNGNO	GRDDED3	在每个时间步长内，闪电排放的文件的名称、位置和生成速度(mol/s)
LTNGPARM_FILE	GRDDED3	雷电参数文件的名称和网格位置
B4LU_file	GRDDED3	BELD4建模领域，部分作物分布及土地使用的网格文件
E2C_Soilfile	GRDDED3	1～10 cm土壤属性文件(包含土壤pH值)
E2C_Fertfile	GRDDED3	作物类型网格文件，包含初始土壤氨浓度、施肥深度等

2. CCTM的输出文件

CCTM每次模拟都会生成多个输出文件。基本输出包括CCTM瞬时浓度文件、小时平均浓度文件、干湿沉降文件及能见度预测文件。CCTM其他的输出文件包括诊断气溶胶文件、云过程文件和过程分析文件。

表1.5列出了由CCTM的基本配置产生的输出文件的逻辑文件名、格式和描述。

表 1.5 CCTM 的基础输出文件

文件名	格式	描述
CTM_CONC_1	GRDDED3	污染物的名称和位置的估计，小时均值
CTM_CGRID_1	GRDDED3	模拟结束时污染物的名称、位置和浓度
CTM_ACONC_1	GRDDED3	气溶胶中污染物的名称和位置的估计
CTM_DRY_DEP_1	GRDDED3	污染物干沉降的名称和位置的估计，小时均值
CTM_WET_DEP_1	GRDDED3	湿沉降的名称和位置的估计，小时均值
CTM_VIS_1	GRDDED3	能见度的名称和位置的测量，小时均值

对于输入的初始条件文件为气体、气溶胶、非反应性物质和示踪剂的目录路径与文件名是由 ICON 生成的。

表 1.6 列出了由 CCTM 的可选配置产生的输出文件的逻辑文件名称、格式和描述。

表 1.6 可选的 CCTM 输出文件

名称	格式	描述
CTM_SSEMIS_1	GRDDED3	海盐排放的名称和位置；通过设置变量 CTM_SSEMDIAG 为“T”或“Y”在 CCTM 里运行脚本来写这个文件
CTM_WET_DEP_2	GRDDED3	云诊断文件的名称和位置；通过设置变量 CLD_DIAG 为“T”或“Y”在 CCTM 里运行脚本来写这个文件
CTM_DEPV_DIAG	GRDDED3	污染物沉降文件的名称和位置；输出时，通过设置 CTM_ILDEPV 为“T”或“Y”激活内联沉积和设置变量 CTM_DEPV_FILE 为“T”或“Y”在 CCTM 中运行脚本
CTM_DIAM_1	GRDDED3	气溶胶的名称和位置；通过设置变量 CTM_AERODIAG 为“T”或“Y”在 CCTM 里运行脚本来写这个文件
CTM_IPR_1－3	GRDDED3	速率(IPR)文件的名称和位置；多个文件写入时 CCTM 被配置为和 IPR 一起运行

续表

名称	格式	描述
CTM_RJ_1－2	GRDDED3	光解诊断输出文件的名称和位置;通过设置变量 CTM_PHOTDIAG 为“T”或“Y”在 CCTM 里运行脚本来写这个文件
B3GTS_S	GRDDED3	生物源排放文件的名称和位置;通过设置 CTM_BIOGEMIS 为“T”或“Y”和变量 B3GTS_ DIAG 设置为“T”或“Y”在 CCTM 中运行脚本
SOILOUT	GRDDED3	土壤 NO 排放文件的名称和位置;通过设置 CTM_BIOGEMIS 为“T”或“Y”
CTM_DUST_EMIS_1	GRDDED3	灰尘排放文件的名称和位置;通过设置 CTM_WB_DUST 为“T”或“Y”和变量 CTM_DUSTEM_DIAG 设置为“T”或“Y”在 CCTM 中运行脚本
LTNGOUT	GRDDED3	照明排放文件的名称和位置;输出时 CCTM 照明模式被激活,通过设置 CTM_LTNG_NO 为“T”或“Y”和变量 LTNGDIAG 设置为“T”或“Y”在 CCTM 中运行脚本
CTM_PT3D_DIAG	GRDDED3	点源排放文件的名称和位置,通过设置 CTM_PT3DEMIS 为“T”或“Y”和变量 PT3DDIAG 设置为“T”或“Y”在 CCTM 中运行脚本
PLAY_SRCID_NAME	GRDDED3	3D 文件的名称通过设置 CTM_PT3DEMIS 为“T”或“Y”和变量 PT3DFRAC 设置为“T”或“Y”在 CCTM 中运行脚本
INIT_MEDC_1	GRDDED3	汞沉降输出文件的名称和位置,通过设置变量 CTM_HGBIDI 为“T”或“Y”在 CCTM 中运行脚本

CCTM 输出文件的默认位置是 $M3DATA/cctm 目录,在运行脚本中由 OUTDIR 变量控制。所有 CCTM 输出文件的默认命名在文件名中使用 EXEC 和 APPL 环境变量。所有用来命名 CCTM 输出的变量被设置在运行脚本中。

1.4.4　初始条件程序

初始条件程序(ICON)为模型提供两种初始条件的选择,一种是模型默认的污染物浓度初值,一般第一次模拟的时候选用;另一种是前一天最后一个时次的模拟结果作为第二天的初始值。

ICON程序从ASCII vertical profiles或现有的"CCTM output concentration file"(CONC)中为CCTM提供初始的边界条件(ICs),在CCTM开始模拟时ICON生成一个时间步长的输出文件用来表示每个单元网格的化学条件。

如果ICs从ASCII vertical profiles获取数据,ICON不仅可以在每个模型层内创建空间均匀的边界条件,也可以跨模型分层创建不同的边界条件。如果ICs从CONC文件中获取,那么ICON可以提取不同空间的ICs,或者提取同一网格单元分辨率,作为模型域的窗口,或者更精细的模型网格(在嵌套模拟中使用)。

1. ICON的输入文件

图1.9表示ICON程序的输入输出文件,ICON水平网格和垂直分层结构分别通过输入的网格描述文件(GRIDDESC)和气象三维交叉点文件在执行时定义。如果输入的垂直层结构和输出的垂直层结构不一样,ICON将会在两者之间进行插值。

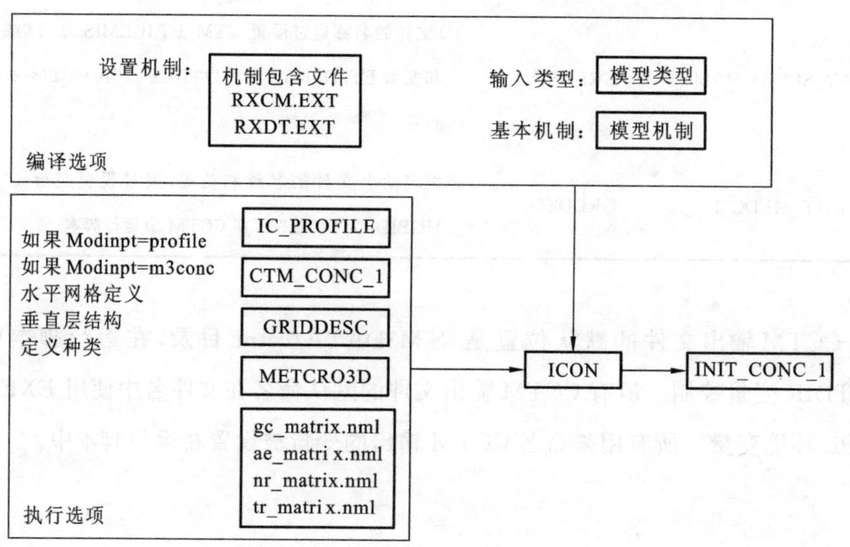

图1.9　ICON的输入输出文件

ICON 输入文件见表 1.7。

表 1.7　ICON 输入文件

文件名称	格式	描述
IC_PROFILE	ASCII	这个文件是由使用者创造的，只有当 IC 环境变量被设置为“profile”时才可用于提取初始条件
CTM_CONC_1	GRDDED3	从CMAQ 浓度文件中提取的初始条件的名称和位置；这个文件是从 CCTM 输出的，只有当 BC 环境变量被设置为“m3conc”时才可用
MET_CRO_3D_CRS	GRDDED3	粗网格 MET_CRO_3D 文件的名称和位置，如果这个结构在嵌套模式之间发生变化则要求创建垂直网格结构；这个文件是通过 MCIP 输出的
MET_CRO_3D_FIN	GRDDED3	这个文件是通过 MCIP 输出的，如果垂直网格结构在嵌套模式之间发生变化则要求输入细网格 MET_CRO_3D 文件的名称和位置
GRIDDESC	ASCII	定义模型网格的水平网格描述文件；可以通过 MCIP 输出，也可以由用户创建
LAYER_FILE	GRDDED3	定义模型网格垂直层结构的三维交叉点气象文件；这个文件是通过 MCIP 输出的
gc_matrix. nml	ASCII	定义通过边界输入到模型的气相物质名单文件
ae_matrix. nml	ASCII	定义通过边界输入到模型的气溶胶物质名单文件
nr_matrix. nml	ASCII	定义通过边界输入到模型的非反应性物质名单文件
tr_matrix. nml	ASCII	定义通过边界输入到模型的示踪物质名单文件

2. ICON 的输出文件

ICON 输出的所有文件(表 1.8)命名变量都设置在运行脚本中，由 OUTDIR 变量在运行脚本中控制，ICON 输出文件的默认位置是 $M3DATA/icon 目录。所有 ICON 输出文件默认命名习惯是在文件名称中使用 APPL 和 GRID_NAME 环境变量。初始条件从现有的 CCTM CONC 文件中创建，通过 DATE 环境变量朱利安日期也使用在文件名中。

表 1.8 ICON 输出文件

文件名称	格式	描述
INIT_CONC_1	GRDDED3	网格初始条件数据的名称和位置，由 GRID_NAME 定义的模型网格输出

1.4.5 气象-化学接口程序

气象-化学接口程序(MCIP)使用 MM5 或 WRF 气象模型的输出文件创建适合 SMOKE(计算 CMAQ 的排放输入的排放处理器)和 CMAQ 使用的 netCDF 格式的输入气象数据。MCIP 为 SMOKE 和 CCTM 所需的所有气象领域进行准备工作与诊断工作。

气象-化学接口处理器 MCIP 将来自 MM5 或 WRF-ARW 模型的气象模型输出数据处理为与 CMAQ 和 SMOKE 兼容的 I/O API 格式的文件。MCIP 程序会尝试以 netCDF 格式的文件来打开文件，并且 MCIP 程序可以自动识别气象数据是由 MM5 生成的还是由 WRF-ARW 生成的。如果文件可以读取为 netCDF，则 MCIP 假定输入是 WRF-ARW 数据集；否则，输入的则是 MM5 产生的数据集。

MCIP 程序可以提取输入气象文件的时间和空间子集，运行脚本允许用户指定 MCIP 模拟的开始与结束日期/时间；但是这些日期/时间可以在输入气象时间段的范围内进行任意修改，但必须与气象文件的时间尺度一致。MCIP 不能通过执行时间插值来人为地增加气象场的时间分辨率。边界修剪选项“BTRIM”均匀地修剪关于输入气象网格的四个横向边界中的每个网格单元。不均匀修剪选项指定从输入气象场的左下角的偏移量以及从修改的原点到输入域提取的 X 和 Y 方向上的单元格数量。

1. MCIP 的输入文件

图 1.10 展示了输入和输出文件以及 MCIP 的配置选项，所有配置的设置要包含在 MCIP 运行脚本中，每次自动创建一个新的名单执行脚本。

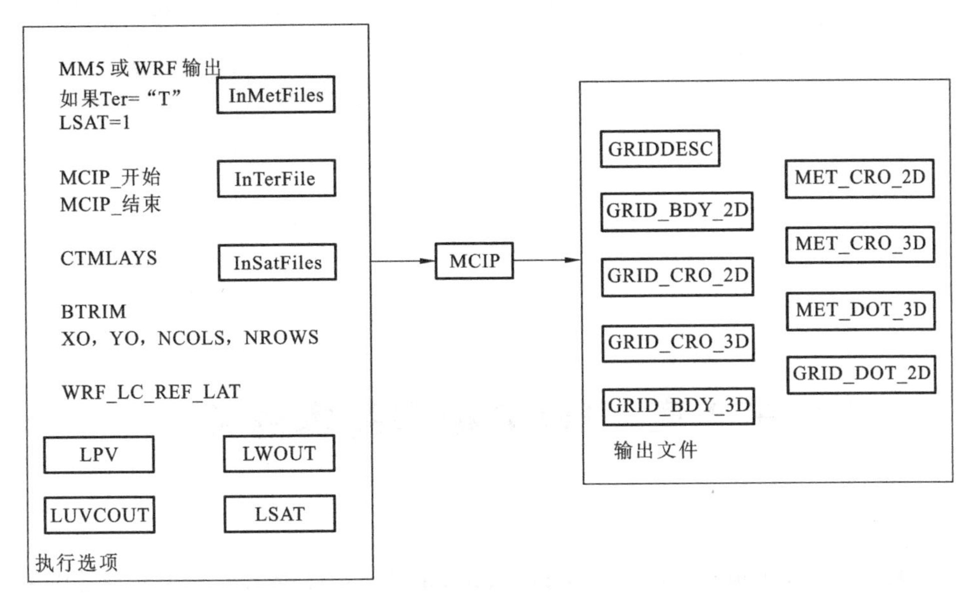

图1.10 MCIP输入文件及输出文件

2. MCIP的输出文件

MCIP输出文件(表1.9)的默认位置是$M3DATA/mcip3/$GridName目录。由于默认文件名称没有关于它们模拟的模型网格的任何信息,所以在输出目录路径中设置网格的名称。

表1.9 MCIP输出文件

文件名称	格式	描述
GRIDDESC	ASCII	具有坐标和网格定义信息的网格描述文件
GRID_BDY_2D	BNDARY3	与时间无关的二维边界气象文件
GRID_CRO_2D	GRDDED3	与时间无关的二维交叉点气象文件
GRID_CRO_3D	GRDDED3	与时间无关的三维交叉点气象文件
GRID_DOT_2D	GRDDED3	与时间无关的二维点气象文件
MET_BDY_3D	BNDARY3	与时间无关的三维边界气象文件
MET_CRO_2D	GRDDED3	与时间无关的二维交叉点气象文件
MET_CRO_3D	GRDDED3	与时间无关的三维交叉点气象文件
MET_DOT_3D	GRDDED3	与时间无关的三维点气象文件
mmheader	ASCII	MM5的内容包括配置信息,而不是为WRF-ARW输入生成的内容

第 2 章　WRF 模型基本框架

天气研究和预报模型(weather research and forecasting model，WRF)是由美国国家海洋和大气管理局研发的新一代空气质量模型，采用高度模块化和分层设计，重点考虑水平分辨率1～10 km 的从云尺度到天气尺度的天气预报与研究模型(王晓君和马浩，2011)。WRF 模拟系统主要包含 WPS(pre-processing system)和 WRF 两部分模块：WPS 模块即 WRF 预处理系统，用来为 WRF 模型准备输入数据；WRF 模块就是数值求解的模块，常见两个版本，即 ARW(advanced research WRF) 和 NMM(nonhydrostatic mesoscale model)；除此以外，WRF 系统还有很多附加模块(马欣 等，2016；陈亮 等，2011)，例如，用于化学传输的 WRF-chem，用于林火模拟的 WRF-fire。

2.1　WRF 模型的整体框架介绍

WRF(天气研究和预报)系统的核心是 NMM(非静力中尺度模式)，应用于实时数值天气预报、预报研究、参数化研究、耦合模型应用以及教学活动。WRF 包括前处理系统和后处理系统。

WRF 的前处理系统用于实时的资料处理，其功能包括定义模拟区域、插值地形资料(如地形、土表和土壤类型)到模拟区域、插值其他模式的资料到模拟区域和模式坐标。水平平流采用 Adams-Bashforth 方案，垂直平流采用 Crank-Nicholson 方案，包括能量和位涡拟能、多物理选项、单方向和双向嵌套。

WRF 的后处理子程序，用来处理 WRF-ARW 和 WRF-NMM 预报，把模式垂直坐标插值到美国国家气象局(National Weather Service，NWS)标准输出层，把预报网格插值到正常网格，计算诊断输出量，输出美国国家气象局和世界气象组织(World Meteorological Organization，WMO)标准的 GRIB1。

WRF 模型的运行系统中一般需要的安装软件环境包括：UNIX(LINUX)操作系统，Perl 5.003 以上、Fortran 程序编辑器(包括 Fortran 90 和 Fortran 77 编译器)、C 程序编译器、NetCDF 函数库、MICAPS 图形显示系统、VIS5D 图形显示系统、GrADS 或者 RIP 等。

2.2　WRF 的预处理系统

WPS 为 WRF 模型的数据前处理部分。可从写成 GRIB 码的 AVN 数据文件中读取模型区域所需的数据，并插值成 WRF 所需的变量场。为真实数据模拟准备输入场，可以定义模拟区域，格式化全球格点气象数据；进行地形地势及土地类型、土壤类型等数据的插值。

2.2.1　预处理系统简介

WRF 预处理系统由三个程序组成(图 2.1)，三个程序的用途分别为：GEOGRID 确定模拟区域并把静态地形数据插值到格点；UNGRIB 从 GRIB 格式的数据中提取气象要素场；METGRID 则是把提取出的气象要素场水平插值到由 GEOGRID 确定的网格点上。把气象要素场垂直方向插值到 WRF eta 层则是 WRF 模块中的 real 程序的工作。

图 2.1 给出了数据在 WPS 的三个程序之间的转换关系，WPS 里每个程序都会从一个共同的 namelist 文件里读取参数。这个 namelist 文件按各个程序所需参数的不同分成了三个各自的记录部分及一个共享部分，它们分别定义了 WPS 系统所要用到的各种参数。

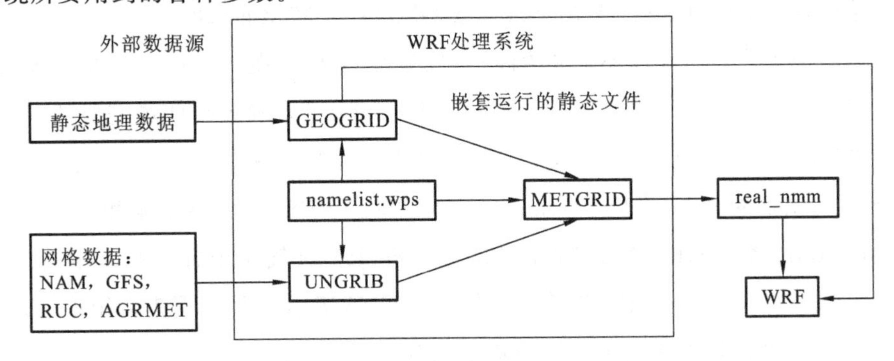

图 2.1　WPS 数据预处理程序示意图

2.2.2 WPS各程序的功能

WPS包含三个独立的程序：GEOGRID、UNGRIB和METGRID。下面给出三个主要程序的简要介绍。

1. GEOGRID程序

GEOGRID程序的目的是确定模拟区域，把各种地形数据集插值到模式格点上。模拟区域的确定是通过设置namelist.wps文件中的与GEOGRID有关的参数来实现的。除了计算每个格点的经纬度和地图比例因子，GEOGRID还会根据默认值来插值土壤类型、地表利用类型、地形高度、年平均深层土壤温度、月(季)植被覆盖、月(季)反射率、最大的积雪反射率及地形的类别(可以通过WRF的官方网站来下载这些场的全球数据集)。

GEOGRID.TBL文件定义了所有可以被GEOGRID生成的地形场，它描述了插值一个地形场所需的方法及所需数据所放的具体位置。除了插值默认的静态数据，GEOGRID程序还可以插值进更多的连续的且不同种类的地形数据到模拟区域。可以通过应用表格文件(GEOGRID.TBL)来实现，将新的数据集插值到模拟区域。

由GEOGRID生成的文件的格式是WRF I/O API，因此可以通过选择NetCDF I/O格式使GEOGRID生成NetCDF格式的输出文件，以便用一些外部软件(ncview、NCL和最新版本的RIP4)来实现可视化(画出地形图)。

2. UNGRIB程序

UNGRIB程序读取GRIB文件，然后把它们用一个简单的格式写出来，这种格式就是“过渡”格式。GRIB文件包含随时间变化的气象要素场，而且它是从其他区域或全球模型(如NCEP的NAM或GFS模型)转化而来的。

不同格式的GRIB用不同的编码来确定变量及其在GRIB文件中的层次。UNGRIB用这些编码表格(Vtable，即variable tables)来确定哪些场需要从GRIB文件里提取出来并写成过渡格式。对于相同GRIB模型输出文件的各种表可以在WPS主目录下的/UNGRIB/Variable_tables/里。WPS为NAM104和212格点、NAM AWIP格式、GFS、NCEP/NCAR再分析、RUC(气压坐标数据和混合坐标数据)、AFWA的AGRMET地表模型输出、ECMWF及其他数据集。用户可以以其他Vtable做模板来为其他的模型输出创造自己的表。

UNGRIB可以用三个用户可选格式中任何一个来写过渡数据，这三个格式如下。

WPS：一个新的格式，它包含了对接下来的程序有用的额外信息。

SI：WRF之前使用过的过渡格式。

MM5：用来向MM5模型输入GRIB2数据。

尽管WPS格式是推荐使用的，但是这三个中的任何一个格式都可以被用来启动WRF。

3. METGRID程序

METGRID程序的作用是把UNGRIB程序提取出的气象要素场水平插值到GEOGRID确定的模拟区域上。这个插值后的数据可以被WRF的real程序所识别并吸收。METGRID插值的那些数据的时间段可以通过设置namelist. wps中share记录部分来调整，而且每个模拟区域(最外围区和嵌套区)的时间都要单独设置。与UNGRIB程序一样，METGRID所处理的数据也是随时间改变的，因此每次做新的模拟时，都要运行METGRID程序。

METGRID. TBL文件为每个要素场都提供了一个区间，在这个区间里，可能会确定要素场的插值方式、作为标记插值以及要素场所要插值的网格(如ARW的U，V；NMM的H，V)。由METGRID生成的文件的格式是WRF I/O API，因此可以通过选择NetCDF I/O格式使METGRID生成NetCDF格式的输出文件，以便用一些外部软件——ncview、NCL和最新版本的RIP4来实现可视化(画出地形图)。

2.2.3　WPS创建嵌套区域

进行带嵌套的模拟试验时，运行GEOGRID程序和METGRID程序时，需处理多个格点。通过设置namelist. wps中的参数，来确定嵌套的大小和位置。下面是设置一个嵌套的模板。

```
&share
wrf_core='ARW',
max_dom=2,
start_date='2017-03-24_12:00:00','2017-03-24_12:00:00',
end_date='2017-03-24_18:00:00','2017-03-24_12:00:00',
interval_seconds=21600,
io_form_geogrid=2
```

```
&geogrid
parent_id=1, 1,
parent_grid_ratio=1, 3,
j_parent_start=1, 17,
s_we=1, 1,
s_sn=1, 1,
e_sn=61, 97,
geog_data_res='10m','2m',
dx=30000,
dy=30000,
map_proj='lambert',
ref_lat=34.83,
ref_lon=-81.03,
truelat2=60.0,
stand_lon=-98.
/
```

与嵌套有关的设置参数中，首先要改 max_dom 的数值，即最外围嵌套区总共的个数，每个值对应一个网格；接着要改模拟的起止时间，子区域的起始时间要晚于或等于其父区域(上一级区域)起始时间；同样，终止时间也一定要早于或等于父区域的终止时间，嵌套是从其父区域得到的边界条件，因此，除了 WRF 中用到松弛分析，嵌套只要在初始时间接受 WPS 的处理即可，当运行 WRF 时，每个区域的起始时间是要在 namelist. input 文件里详细给出的；然后是设置 GEOGRID，通过改变参数 parent_id 来设置每个区域的父区域，除了粗糙区域(最外围区)的父区域是自己本身外，每个区域都必须是另一个区域的子区域。与每个区域的父区域的 ID 类似，每个父区域和其子区域的格点距离的比值是通过参数 parent_grid_ratio 来设定；然后，通过参数 i_parent_start 和 j_parent_start 来设定子区域左下角在父区域内的位置(是在无参差格点的情况下确定)。每个区域的格点维数都要通过参数 s_we、e_we、s_sn 和 e_sn 来设置。每个网格在南北(s_sn)向和东西(s_we)向的起始格点都要设置成 1，而相应的终止(e_sn 和 e_we)格点则是区域的总维数，为了保证每个嵌套区域的右上角与父区域的无参差格点相重合，e_sn 和 e_we 的大小必须要比 parent_grid_ratio 所设数值的 N 倍再大一格；最后，通过参数 geog_data_res 来设定每个区域所要插值的源数据的分辨率。

2.2.4 用于方案的静态数据

使用多种源气象数据资料，METGRID 程序可以插值不随时间变化的要素场，也能从多个源数据中获得要素场并进行插值。第一个功能可以通过设置 &METGRID 记录中的参数 constants_name 来实现，这个参数可以用来设置一系列具有过渡格式的文件的文件名(如果需要还可包含路径信息)，这些文件里面包含了不随时间改变的要素场，并且在每次 METGRID 进行处理时都可以被用上。第二个功能是从多个源数据里获得资源进行插值，在有两个或两个以上补充数据(随时间变化)且需要被合并到一起后进行 real. exe 处理的情况下是非常有用的。可以通过 &METGRID 记录中的参数 fg_name 设置一系列具有过渡格式的数据的前缀(如果需要还可包含路径信息)来实现此功能。当给出多个“路径-前缀”的设置，如果相同的气象要素场在多个数据文件中出现，则最后一次出现的数值将被使用。因此，可以通过调整源数据的顺序来安排它们的优先级别。

北美区域再分析资料集(North American regional reanalysis，NARR)被分为了三部分，分别是三维的大气数据、地面数据和常值场数据，如果用户想使用这种数据，可以通过脚本 link_grib. csh 把 3D GRIB 数据进行链接，然后再链接 NARR Vtable 到文件 Vtable，最后在运行 UNGRIB 之前通过设置 &UNGRIB 记录里的 prefix 使得产生的过渡文件有一个合适的前缀。

下面是一个关于使用插值地面要素场和高空风场到地形网格上的模板：

```
&metgrid
fg_name='/data/ungribbed/SFC', '/data/ungribbed/UPPER_AIR'
```

可以通过合理地设置 &UNGRIB 记录中的参数 prefix 来达到简化从 GRIB 文件中提取要素场的步骤。这个参数允许用户控制 UNGRIB 程序所生成的过渡文件的路径和文件名。下面将给出这种方法在应用上的一个模板。

```
&ungrib
prefix='NARR_3D',
/
```

运行完 ungrib. exe 后，将会出现如下的文件(附带正确的日期)：

```
NARR_3D:2017-08-16_15
NARR_3D:2017-08-16_18
```

考虑过渡文件是一个三维场的数据，因此当处理地面数据时可以另外改一个 prefix 与之对应：

```
out_format='WPS',
```

```
prefix='NARR_SFC',
/
```

再一次运行 ungrib. exe，会另外出现如下的数据文件：

```
NARR_SFC:2017-08-16_12
NARR_SFC:2017-08-16_15
NARR_SFC:2017-08-16_18
...
```

最后，当处理常值数据时，同样要给出合适的 prefix：

```
out_format='WPS',
prefix='NARR_FIXED',
/
```

第三次运行 ungrib. exe 后，会得到如下数据文件：

```
NARR_FIXED:1979-11-08_00
```

为了清楚起见，常值数据最好省掉日期信息。

在这个例子中，NARR 常值数据仅仅在一个特定的时次（1979 年 11 月 8 日 00 时 00 分）可以使用，因此，当运行 UNGRIB 程序之前，用户应该设置好 &share 记录中的起止日期。

在运行 METGRID 程序之前，这个日期还需再次被调整。考虑 NARR 数据集有三个过渡文件，因此在运行 METGRID. exe 之前需要设置好 &METGRID 记录里的相关参数（constants_name 和 fg_name）。

如果要素场不会在其他源数据文件中出现，则 METGRID 进行的插值就会像正常情况下一样，每个源数据都要覆盖整个模拟区域以避免有的区域没有数据。

2.2.5　WPS 中并行

如果 WPS 中设置的模拟区域的维数过于庞大以至于单 CPU 无法胜任，则用分布式存储器的方式来运行 GEOGRID 和 METGRID 程序是一个解决办法。为了能把 GEOGRID 和 METGRID 程序以分布式存储器的类型编译，用户必须在机器上安装 MPI 库，在编译时选中选项“DM parallel”。当编译成功后，GEOGRID 和 METGRID 程序就可以在 mpirun 和 mpiexec 的命令下，或通过批队列系统下运行了。

UNGRIB 程序不能用并行运行的，而且 UNGRIB 程序对于内存的需求是独立于 GEOGRID 和 METGRID 程序之外的；因此，无论编译时是否选择“DM parallel”选项，UNGRIB 总是会在单处理器下编译且在单 CPU 下运行。

每个标准的 WRF I/O API 格式（NetCDF,GRIB1,binary)都有一个相应的并行格式，在设置参数 io_form(即 io_form_GEOGRID 和 io_form_metgrid)时，在原有的值的基础上加 100 来实现。当并行被使用时，每个 CPU 都会对其读/写的输入/输出的文件进行分割，这些文件的名字与在串行时的一样，只是多了一个 4 位数的处理器序号来代表处理器的名字。例如，当用 4 个处理器来运行 GEOGRID(io_form_GEOGRID＝102)时，仅最外层区域（最外围区）就可以生成四个输出文件，分别是 geo_em.d01.nc.0000、geo_em.d01.nc.0001、geo_em.d01.nc.0002 和 geo_em.d01.nc.0003。

在并行的过程中，模式区域会被分成若干矩形区域，每个处理器会分派一个单独的子区域，当读/写到 WRF I/O API 格式时，每个处理器也都只会读/写它自己的那块子区域。因此，如果 GEOGRID 程序使用并行，则 METGRID 运行时所使用的处理器个数要与 GEOGRID 时的一样。同样地，如果 METGRID 使用并行运行时，则 real. exe 也需要用相同的处理器个数来运行。

最后，当用多个处理器运行 GEOGRID 或者 METGRID 时，每个处理器都会写一个独立的 log 文件（类似工作日记的文件），这些 log 文件的名字会附上 4 位数的处理器序号，以此作为 I/O API 文件。

2.2.6　WPS 处理程序

处理 WPS 的三个主要程序（GEOGRID、UNGRIB 和 METGRID)，WPS 还有很多其他的应用程序会被编译，并放在 util 目录下。这些程序可以被用来检查数据文件、查看模拟区域的位置、计算气压场及计算地表平均温度场。

avg_tsfc. exe 程序是用来计算日平均地表温度的，这些数据来自于过渡格式文件，而它们的日期则是通过 namelist. wps 中的“share”记录中的相关参数定的，并且同样考虑了文件之间的时间间隔，在计算平均值时，avg_tsfc. exe 以 namelist. wps 中设定的起始时间为准，并用上尽可能多时次的数据。如果 24 小时内没有一个完整的时次，则不会有输出文件生成，这个程序也会立即停止。

类似地，如果一个文件的时次没有包含在一个完整的 24 小时的周期内，则这个文件也将会被舍掉，例如，有 5 个过渡文件，时间间隔为 6 小时，则最后一个文件将被舍弃。计算出的平均场将以文件的形式输出，名字为 TAVGSFC，格式同样是过渡格式。日平均的地表温度可以被 METGRID 所使用，方法是在“METGRID”记录部分中设置 constants_name＝“TAVGSFC”。

mod_levs. exe 程序被用来移除过渡格式中数据的层次。这个层次将会保存在新的 namelist. wps 中的相关部分。

在 &mod_levs 记录部分中的参数 press_pa 是用来保存层次列表的，这些确定的层次要与过渡格式文件中的 xlvl 的值相匹配。mod_levs 程序要附带两个命令行参数作为它的输入。第一个参数是要处理过渡文件的名字，第二个是输出文件的名字。从气象数据集中移除不需要的层次是很有用的。例如，当一个数据集被用来作为模式的初始条件，另一个则作为边界条件，可以通过在第一个时间周期中用 METGRID 的插值来提供初始条件，而边界条件的数据集则用其他时次来实现。如果两个数据集的垂直层次相同，则无须再做其他工作，但是当它们的层次数不同时，则必须以最小的层次为标准，在有 m 层数据的文件中移除 $(m-n)$ 个层次，这里 $m>n$，并且 m 和 n 是两个数据集中各自的层次数。必须有相同层次的要求来自于 real. exe 的限制，它要求垂直层次必须是常值，以便从中进行插值。

gmod_levs 的应用只是处理两个或更多具有不同垂直层次的数据集的一个临时解决方法。如果用户选择使用 mod_levs，则需要注意的是，尽管数据集之间垂直层次的设定可能不同，但是所有数据都要有个地表的层次，并且当运行 real. exe 和 wrf. exe 时，参数 p_top（namelist. input）必须被设定成所有数据集中最低层次以下的某一层。

在垂直插值气象要素场的过程中，real 程序要求在每个相同的层次上和其他气象要素一样都有一个 3D 的气压场。calc_ecmwf_p. exe 应用程序可以被用于 σ 坐标数据集来生成这样一个气压场。

考虑了地表气压场（地面气压场的记录）及一系列系数 A 和 B，calc_ecmwf_p. exe 可以在 ECMWF 的 σ 坐标中的 k 层的 (i,j) 点计算出气压，即 $P_{ijk}=A_k+B_k\times Psfcij$。这些系数可以在 σ 高度-系数的对应表中找到（http://www. ecmwf. int/products/data/technical/model_levels/index. html）。这个文件被写在普通的文本文件 ecmwf_coeffs 中。

考虑 UNGRIB 生成的过渡格式文件和 ecmwf_coeffs 文件，calc_ecmwf_p 会在 namelist. wps 定义的整个时间周期中不停循环，且每个时次都会生成一个额外的过渡格式文件 PRES：YYYY-MM-DD_HH，文件里包含了完整的 σ 层次和 3D 的相对湿度场。这个过渡文件可以通过在参数 fg_name 中添加“PRES”，使之与 UNGRIB 生成的过渡文件一起被 METGRID 处理。

plotgrid. exe 是一个应用程序，它的作用是给出 namelist. wps 中定义的模拟区域的位置。plotgrid 生成了一个 NCAR-G 的源文件 gmeta，这个文件可以被查看。最外层区域（最外围区）占据整个画面，一个地图轮廓包围了最外层区域，如果有嵌套区域则会以矩形框的形式被标注在最外围区里。这个程序在最初设定模拟区域或每次调整模拟区域位置时很有用。目前,这个程序还不能画出 ARW 中用 lat-lon 投影方式(map_proj="lat-lon")设置的区域。

g1print. exe 唯一的一个命令行参数是 GRIB1 的文件名。程序会给出文件中要素场、层次和数据的日期。

与 g1print. exe 类似,只是它针对的是 GRIB2 的数据文件。plotfmt. exe 是一个 NCAR-G 的程序,它给的是过渡格式文件的内容。程序唯一的命令行参数是要画的文件名,并且生成 NCAR-G 的元文件,这个文件里包含了输入文件中各个要素场的等值线图。graphics 的源文件 gmeta,可以用 idt 来查看,并且用 ctrans 来转换成其他格式。Z 在 m 命令行中给定一个简单的过渡格式文件的名称,rd_intermediate. exe 可以把过渡格式文件中各要素的信息都打印出来。

2.2.7　格式化气象要素场数据

UNGRIB 的作用是读取 GRIB 数据集并写成一个简单的过渡格式,这个格式是可以被 METGRID 所识别的。如果某气象要素并不存在于 GRIB1/2 格式中,则用户就有必要把这类数据写入过渡格式文件中。

过渡格式是一种相对简单的并且顺序固定的,且是由 Fortran 写成的无格式数据。这些无格式写入是用的 big-endian byte order(最高位字节在最前头的排列顺序),这种写入方式可以由编译所识别。检查 Fortran 的子程序,这些子程序(分别为 metgrid/src/read_met_ module. F90 和 metgrid/src/write_met _module. F90)可以读写所有的三种的过渡格式(SI、MM5、WPS 格式)。

当写成 WPS 过渡格式时,2D 的要素场是作为一个实型矩形数组来写的。3D 的数组则会以垂直维数为基础分成多个 2D 数组,然后被独立写入。

2.2.8　生成并编辑变量名列表

每个 Vtable 中的要素场是以下三种:一是在 GRIB 文件中数据如何被确认的要素场;二是描述数据如何被 UNGRIB. exe 和 metgrid. exe 确认的要素场;三是确定 GRIB2 格式的要素场。

每个被 UNGRIB. exe 提取出的变量在 Vtable 中都会对应一行或更多行,同时多行数据又会根据层次的不同分割,如地面高度和高空层。要素场在 Vtable 文件中是对应一行或全部行,取决于场和层次的具体情况。

第一个要素组描述在GRIB文件中数据如何被定义的量，GRIB1参数规定了气象要素场的GRIB编码，不同的数据集可能会用不同的GRIB编码标示相同的要素场，例如，GFS(Google file system)数据集中的高层气温的GRIB码是11，但是在ECMWF数据中则是130。

为了找到某个要素场的GRIB码，可以使用g1print. exe和g2print. exe应用程序。在GRIB码中，“Level Type”“From Level1”和“From Level2”是用来确定一个要素场可以在哪些层次上找到。与“GRIB1 Param”一样，g1print. exe和g2print. exe可以用来找出多层次要素场的值。多层次要素场的意义取决于“Level Type”，总结如表2.1所示。

表2.1 多层次要素场的数值

层次	层次类型	从Level 1	到Level 2
高空	100	*	
地面	1	0	
海平面	102	0	
AGL特定层	105	地面层上的高度	
给定层次的场	112	起始层次	结束层次

当分层的要素场(level type 112)被确定后，层次的起止点是有单位的，这个单位是决定于要素场本身，可以用g1print. exe和g2print. exe应用程序来看这些值。

VTABLE的第二个要素场组是来描述在METGRID和real程序中数据如何被确认的，这些场中最重要的要数“METGRID Name”，它决定了变量的名字，这些名字在UNGRIB写过渡格式文件时被分配到各个气象要素场。这个名字同样要与METGRID. TBL文件中的相匹配，以便于METGRID程序决定要素场如何被水平插值。“METGRID Units”和“METGRID Description”分别确定了要素场的单位和一个简单的描述；这里需要特别注意的是，当一个要素场没有被描述时，UNGRIB是不会把这个要素场写进过渡文件的。最后一组提供了GRIB2的具体描述。

尽管在一个VTABLE文件中有GRIB2要素场并不能妨碍这个VTABLE被GRIB1数据使用，而且GRIB2要素场仅仅在需要使用GRIB2数据集时才会被用到。例如，VTABLE. GFS文件包含了GRIB2的要素场，但是却可以被1°(GRIB1)的和0.5°(GRIB2)的GFS数据集使用。

2.2.9 GEOGRID二进制格式写静态数据

geogrid.exe用来进行地形静态数据插值，以标准的2D和3D数值形式写成一个简单的二进制格式。当用户有了新的静态数据资源可以通过把数据写成二进制形式让WPS来使用。GEOGRID格式支持单层或多层连续的场，场的分类(作为区域的分类)及为每种分类给出的一小部分的场。

对于一个主导分类的分类要素场，数据首先要存储在一个规则的2D整型数组中，每个整数都给出了与格点相对应的主导分类的说明。考虑这个数组的作用，数据是由低(空)到高(空)或由南向北一行行地写入文件中。例如，$n\times m$的数组的各个元素是按照$x_{11}, x_{12}, \cdots, x_{1m}, x_{21}, \cdots, x_{2m}, \cdots, x_{n1}, \cdots, x_{nm}$的顺序写入的。

因为Fortran无格式的写记录标志，所以它是不可能直接写出一个GEOGRID的二进制文件的，但是可以通过用C或Fortran在写或读时调用read_GEOGRID.c和write_GEOGRID.c(在GEOGRID/src目录下)来实现。与主导分类类似的是连续或真实的要素场。像主导分类一样，单层连续场作为2D数组首先被组织，然后一行行地写入二进制文件。

最后的正的整数数组按照主导分类的格式被写入文件。多层的联系场类似单层的。对于一个$n\times m\times r$数组，先按照上边的方法转化成正的整数场，然后从低到高开始写每个层次。分类场可以被看成一个多层连续场的一部分，它的层次是$k(1\leqslant k\leqslant r)$。当把一个场按照GEOGRID二进制格式写入一个文件时，用户应该遵守GEOGRID程序的命名规则，即希望数据文件的名字格式是xstart-xend.ystart-yend，其中xstart，xend，ystart和yend分别是5位正整数，数值的起止x指针、起止y指针都包含在文件中；指针起始为1，而不是0。所以，一个800×1200的数组(如800行，1200列)可以被命名为00001－01200.00001－00800。当一个数据被分成多个部分，每个部分都是一个规则的矩形数组，每个数组都是一个单独的文件。在这种情况下，数组相对的位置是由每个数组的文件名中的x和y指针决定的。尽管如此，值得注意的是，数据集中的每个部分都要有相同的x维数和y维数，且每一块数据不能相互重叠；并且每块的起止都要在索引的范围内。

因为起止索引必须是5位数字，所以一个场是不能在x方向或y方向上超过99 999个数据格点的，如果超过了，用户要把这个数据集分成多个GEOGRID能识别的小的部分。例如，一个大的全球数据集可以把东半球和西半球分成多个小的部分。除了二进制数据文件，GEOGRID要求每一个数据集都有一个额外的说明文件，即“index”文件，因此，两个数据集是不能放在同一个目录下的。其实，当要处理数据集时，index 文件是最先被 GEOGRID 检索的，因为这个文件里包含了所有可能与用到的数据相关的有用信息。

2.2.10 namelist 变量的讲述

1. 共享部分

这个部分描述的变量被多个 WPS 程序使用。例如，变量 wrf_core 指明了 WPS 是为 ARM 核输出数据，还是为 NMM 核输出数据（这个信息是程序 GEOGRID 和 METGRID 都需要的）。

WRF_CORE：一个字符串，被设置成“ARM”或“NMM”，用于告诉 WPS 生成的数据是用于哪个动力核。默认值是“ARM”。

MAX_DOM：在模拟中用于指定区域/嵌套（包括父区域）总数的整数。默认值是 1。

START_YEAR：用于给每个嵌套指定起始的 MAX_DOM 4 位年数据整数值。无默认值。

START_MONTH：用于给每个嵌套指定起始的 MAX_DOM 2 位月数据整数值。无默认值。

START_DAY：用于给每个嵌套指定起始的 MAX_DOM 2 位日数据整数值。无默认值。

START_HOUR：用于给每个嵌套指定起始的 MAX_DOM 2 位日数据整数值。无默认值。

END_YEAR：用于给每个嵌套指定终止的 MAX_DOM 4 位年数据整数值。无默认值。

END_MONTH：用于给每个嵌套指定终止的 MAX_DOM 2 位月数据整数值。无默认值。

END_DAY：用于给每个嵌套指定终止的 MAX_DOM 2 位日数据整数值。无默认值。

END_HOUR：用于给每个嵌套指定终止的 MAX_DOM 2 位小时数据整数值。无默认值。

START_DATE：一系列具有“YYYY-MM-DD_HH：mm：ss”格式的字符串，用于给每个嵌套模拟指定起始日期。变量 start_date 是指定 start_year，start_month，start_day 和 start_hour 的候补，如果两种方法都用来指定起始时间，那么将会优先采用变量 start_date。无默认值。

END_DATE：一系列具有“YYYY-MM-DD_HH：mm：ss”格式的字符串，用于给每个嵌套模拟指定终止日期。变量 end_date 是指定 end_year，end_month，end_day 和 end_hour 的候补，如果两种方法都用来指定终止时间，那么将会优先采用变量 end_date。无默认值。

INTERVAL_SECONDS：随时间变化的气象输入文件的时间间隔，是整数，单位为 s。无默认值。

ACTIVE_GRID：一系列 MAX_DOM 的逻辑值，用于指定每个格点是否用 GEOGRID 和 METGRID 进行处理。默认值是“. TRUE. ”。

IO_FORM_GEOGRID：程序 GEOGRID 输出的网格文件将会使用的 WRF I/O API 格式。能做的选择：1 代表二进制；2 代表 NetCDF；3 代表 GRIB1。当选择 1 时，网格文件会有后缀. int；当选择 2 时，网格文件会有后缀. nc；当选择 3 时，网格文件会有后缀. gr1。默认值是 2(NetCDF)。

OPT_OUTPUT_FROM_GEOGRID_PATH：给出相对地址或绝对地址的字符串，用于确定 GEOGRID 输出文件的位置。默认值是“. /”。

DEBUG_LEVEL：用于指明不同类型的信息传给标准输出的范围。当 debug_level 设成 0 时，只有有用的信息和警告信息被写入标准输出。当 debug_level 大于 100 时，更多关于运行时的信息被写入标准输出。默认值是 0。

2. GEOGRID 部分

这个部分定义的变量只用于 GEOGRID 程序。在 GEOGRID 部分的变量主要定义了模式网格的大小和位置，以及地表数据的位置。

PARENT_ID：一系列的 MAX_DOM 整数，对于每个嵌套，它表示嵌套的父网格数；对于最粗的网格，这个变量被设置成 1。默认值是 1。

PARENT_GRID_RATIO：一系列的 MAX_DOM 整数，对于每个嵌套，它表示嵌套相对于父网格的比率。对于 WRF-NMM，它要被设置成 3。无默认值。

I_PARENT_START：一系列的 MAX_DOM 整数，对于每个嵌套，它表示在父网格不交错的格点中，嵌套网格左下角的 x 坐标。对于最粗的网格，它要被设为 1。无默认值。

J_PARENT_START：一系列的 MAX_DOM 整数，对于每个嵌套，它表示在父网格不交错的格点中，嵌套网格左下角的 y 坐标。对于最粗的网格，它要被设为 1。无默认值。

S_WE：一系列的 MAX_DOM 整数，都要被设置成 1。默认值是 1。

E_WE：一系列的MAX_DOM整数，对于每个嵌套，它表示嵌套的整个东西范围。对于被嵌套的网格，e_we必须比嵌套网格的parent_grid_ratio值的整数倍大1(即e_ew=n×parent_grid_ratio+1，其中n为正整数)。无默认值。

S_SN：一系列的MAX_DOM整数，都要被设置成1。默认值是1。

E_SN一系列的MAX_DOM整数，对于每个嵌套，它表示了嵌套的整个南北范围。对于被嵌套的网格，e_sn必须比嵌套网格的parent_grid_ratio值的整数倍大1(即e_sn=n×parent_grid_ratio+1，其中n为正整数)。无默认值。

GEOG_DATA_RES：一系列的MAX_DOM字符串，对于每个嵌套，它表示数据源的相应的一个分辨率或用符号"+"分隔的一系列分辨率，在把静止的陆面数据内插到嵌套格点上时，该值被使用。对于每个嵌套，这个字符串包含的分辨率必须与每个场的GEOGRID.TBL文件中的rel_path或abs_path规范中冒号前的字符串相匹配。如果字符串中的分辨率与GEOGRID.TBL文件中的rel_path或abs_path规范不匹配，那么将使用该场分辨率的默认值，如果单独定义了，那么将会使用定义的量。如果多个分辨率都匹配，那么第一个与GEOGRID.TBL文件中的rel_path或abs_path规范相匹配的分辨率将被使用。默认值是"default"。

DX：在地图比例因子为1的地方，用于表示x方向格点的距离。无默认值。

DY：在地图比例因子为1地方，用于表示y方向格点的距离。无默认值。

MAP_PROJ：一个表示模拟区域投影方式的字符串。默认值是"lambert"。

REF_LAT：一个实数，用于表示某点在(latitude，longitude)坐标上的纬向位置latitude，且该点在模拟网格中的(i,j)已知。对于ARW，ref_lat默认地给定了粗网格的中心点的纬度(例如，当ref_x和ref_y没有被指定时)。对于NMM，ref_lat一般给定了原点绕着旋转的纬度。无默认值。

REF_LON：一个实数，用于表示某点在(latitude，longitude)坐标上的经向位置(longitude)，且该点在模拟网格中的(i,j)已知。对于ARW，ref_lon默认地给定了粗网格的中心点的经度(例如，当ref_x和ref_y没有被指定时)。对于NMM，ref_lon一般给定了原点绕着旋转的经度。对ARW和NMM，西经是负值，ref_lon的值要在[−180,180]范围内。无默认值。

REF_X：一个实数，用于表示某点在(i,j)坐标中的i，且该点在模拟网格中经纬度坐标下的位置已知。(i,j)位置通常在考虑交错网格的前提下给出，交错网格的规模比不交错网格的规模少1。

REF_Y：一个实数，用于表示某点在(i,j)坐标中的j，且该点在模拟网格中经纬度坐标下的位置已知。(i,j)位置通常在考虑交错网格的前提下给出，交错网格的规模比不交错网格的规模少1。

TRUELAT1：对于ARW来说，是一个用于表示lambert正形投影中第1条真实纬度的实数，或者是表示mercator和polar球面投影的唯一一条真实纬度的实数。对于NMM，truelat1被忽略。无默认值。

TRUELAT2：对于ARW来说，是一个用于表示lambert正形投影中的第2条真实纬度的实数，对所有其他投影，truelat2被忽略。无默认值。

STAND_LON：对于ARM中的lambert正形投影和polar球面投影，是一个表示平行于y轴的经线的实数。对于规则的latitude-longitude投影，这个值给定了围绕地球的地理极点的旋转。对于NMM，stand_lon被忽略。无默认值。

POLE_LAT：对于ARM的latitude-longitude投影，是一个考虑计算的latitude-longitude网格（纬度－90.0°在全球网格的底部；纬度90.0°在顶部，经度180.0°在中间）的北极点的纬度。默认值是90.0。

POLE_LON：对于ARM的latitude-longitude投影，是一个考虑计算的latitude-longitude网格（纬度－90.0°在全球网格的底部；纬度90.0°在顶部，经度180.0°在中间）的北极点的经度。默认值是0.0。

GEOG_DATA_PATH：一个字符串，表示地球数据库目录的相对路径或绝对路径。这个路径与GEOGRID.TBL文件中的rel_path规范给定的相同。无默认值。

OPT_GEOGRID_TBL_PATH：一个字符串，表示GEOGRID.TBL文件的相对路径或绝对路径。路径不需要包含真实的文件名，但是必须给出文件位置的路径。默认值为“./GEOGRID/”。

3. UNGRIB部分

现在这个部分只包含两个变量，这两个变量用来决定UNGRIB的输出格式和输出文件的名字。

OUT_FORMAT：一个被设置成“MM5”“SI”或“WPS”的字符串。如果设成“MM5”，UNGRIB的输出会写成MM5程序的格式；如果设置成“SI”，UNGRIB的输出会写成grib_prep.exe的格式；如果设置成“WPS”，UNGRIB的输出会写成WPS的中间格式。默认值是“WPS”。

PREFIX：一个字符串，用作UNGRIB生成的中间格式文件的前缀。这里，prefix是指在中间文件的文件名PREFIX：YYYY-MM-DD_HH中的PREFIX字符串。前缀可以包含相对路径或绝对路径的信息，无论是哪一个，中间文件都将被写入指定的目录中。在 UNGRIB 用 GRIB 数据的多种数据源来运行时,这个选项可以避免重复地命名中间文件。默认值是“FILE”。

4. METGRID 部分

这个部分定义的变量只被 METGRID 程序使用。一般而言,用户会对变量 FG_NAME 感兴趣,对于其他变量修正的就比较少了。

FG_NAME:一列字符串,表示 UNGRIB 数据文件的路径和前缀。路径可以是绝对的、也可以是相对的。前缀需要包含文件所有的前缀,但是不包含数据之前的冒号。默认值是空表(即没有常数场)。

CONSTANTS_NAME:一列字符串,表示随时间不变的 UNGRIB 数据文件的路径和完整文件名。路径可以是绝对的也可以是相对的;由于数据被认定为是不随时间改变的,所以没有数据被加到指定的文件中。默认值是空表。

IO_FORM_METGRID:程序 METGRID 的输出使用的 WRF I/O API 格式。可以选择:1 代表二进制;2 代表 NetCDF;3 代表 GRIB1。当选择 1 时,输出文件有后缀. int;当选择 2 时,输出文件有后缀. nc;当选择 3 时,输出文件有后缀. gr1。默认值是 2。

OPT_OUTPUT_FROM_METGRID_PATH:一个指定 METGRID 输出文件的绝对路径或相对路径的字符。默认值是当前的工作目录(即默认值是“. /”)。

OPT_METGRID_TBL_PATH:一个字符串,表示 METGRID. TBL 文件的相对路径或绝对路径;路径不用包含真实的文件名,但是需要给定文件位置的路径。默认值是“. /METGRID/”。

OPT_IGNORE_DOM_CENTER:一个逻辑值,. TRUE. 或 . FALSE. ,用来决定为了节省 METGRID 的运行时间,是否要避免在模拟区域内部的格点上进行气象场插值(在除了初始时间的时间)。这个选项现在没有影响。默认值是“. FALSE. ”。

2.2.11 GEOGRID 和 METGRID 中可行的插值方案

通过 GEOGRID. TBL 和 METGRID. TBL 文件,用户可以对静态场(对 GEOGRID 而言)和气象要素场(对 METGRID 而言),选择控制插值源数据的方法。事实上,如果列表中的第 i 种方案不能得到,在这种情况下,插值方案列表可能给出,直到某一方法可以使用或者列表中不再有可以试验的方法。例如,要使用一个四点双线性插值方案，可指定 interp_option＝four_pt。然而，如果这个场有缺值的区域，将阻碍使用 four_pt 选项，可尝试简化的四点平均(若四点插值方案不能用，则用 interp_option＝four_pt＋averge_4pt 取代)。下面是 WPS 可用的插值选项的概述。

(1) four_pt：四点双线性插值。四点双线性插值方法需要格点(x,y)周围的四个有效点 a_{ij}，$i\geqslant 1$，$j\leqslant 2$，使用 GEOGRID 或 METGRID 插值，线性插值到格点(x,y) x 方向的 a_{11} 和 a_{12} 之间，然后再线性插值到 y 方向。

(2) sixteen_pt：十六点重叠抛物线插值。十六点重叠抛物线插值法需要格点(x,y)周围 16 个有效的点，对于 i 行$(1\leqslant i\leqslant 4)$，用一个抛物线拟合 a_{i1}，a_{i2} 和 a_{i3}，并且用另一抛物线拟合 a_{i2}，a_{i3}，和 a_{i4}；然后，通过取两条拟合抛物线 x 方向平均值，计算 i 行的内插值 p_i 的 x 坐标，由 a_{i2} 和 a_{i3} 到 x 的距离线性加权求平均。

(3) averge_4pt：简化四点平均插值。四点平均插值法需要至少一个可用的源数据格点，从四个源点包围着格点(x,y)。插值出来的值就是这四个点中所有有效值的简单平均。

(4) wt_average_4pt：加权四点平均插值。加权四点平均插值法可以处理源数据缺失或坏点，插值结果为所有有效值的加权平均，对于源数据 a_{ij}，$i\geqslant 1$，$j\leqslant 2$，加权系数 w_{ij} 如下：

$$w_{ij}=\max\{0,1-\sqrt{(x-x_i)^2+(y-y_j)^2}\}$$

式中：x_i 是 a_{ij} 在 x 方向坐标；y_j 为 y 方向坐标。

(5) average_16pt：加权十六点平均插值。加权十六点平均插值法与加权四点平均插值法原理类似，但要考虑(x,y)周围 16 个格点；加权系数 w_{ij} 如下：

$$w_{ij}=\max\{0,1-\sqrt{(x-x_i)^2+(y-y_j)^2}\}$$

式中：x_i 和 y_j 定义同加权四点平均插值法，且 $i\geqslant 1$，$j\leqslant 4$。

(6) nearest_neighbor：最近插值。最近插值法简单地用最邻近的源数据点插值到(x,y)，无论最近的源点是否有效、缺失或者被屏蔽。

(7) search：广度优先搜索插值。广度优先搜索选项将源数据序列看作一个二维网格图，其中每一个源数据格点无论有效与否都用一个顶点表示。然后，从(x,y)最邻近的一个顶点出发，开始广度优先搜索，直到找到表示有效源数据点的一个顶点(即不被屏蔽或不缺失)停止，将该值赋给点(x,y)。

(8) average_gcell：模式网格元平均插值。网格元平均插值法，可用于当源数据分辨率比模式网格分辨率高时。对于一个模式网格元 Γ，该方法即为对所有更接近 Γ 中心而不是其他网格元的源数据点的值简单求平均。网格元平均插值法的操作原理如图 2.2 所示，其中模式网格元(用大矩形表示)插值的值由阴影覆盖的源数据点的值求平均得到。

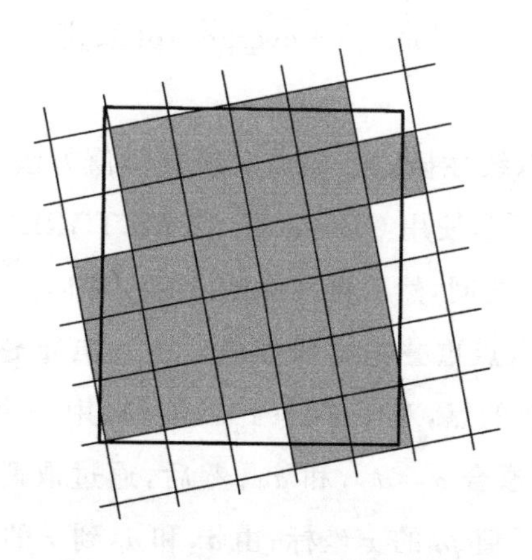

图 2.2 网格元平均法的操作原理

2.3 WRF-NMM 初始化

代码中 real_nmm.exe 部分生成 WRF-NMM 模式(wrf.exe)的初始和边界条件，由 WPS 的输出文件得到。WRF-NMM 需要的 input 文件并不只局限于 WPS。可使用 real_nmm.exe 中部分程序定义或重新定义一些变量。

real_nmm.exe 程序执行下列工作：从 namelist 读取数据；分配空间；剩余变量初始化；从 WPS 读取 input 数据；准备用于模式的土壤场(通常垂直插值到所需的高度)；核实土壤分类、土地利用、土地覆盖、土壤温度以及地表温度一致；垂直插值到模式计算的面上；生成初始条件文件；生成侧边界条件文件。

real_nmm.exe 程序以分布式内存任务运行。

以下用于单一网格或多(嵌套)网格运行：移动到选定的工作目录(cd test/nmm_real or cd run)，确保下列文件存在或被链接到选定的运行模式的工作目录。

```
ETAMPNEW_DATA(WRFV3/run)
GENPARM.TBL(WRFV3/run)
gribmap.txt(WRFV3/run)
LANDUSE.TBL(WRFV3/run)
namelist.input(WRFV3/test/nmm_real)
real_nmm.exe(WRFV3/run)
RRTM_DATA(WRFV3/run)
```

```
SOILPARM.TBL(WRFV3/run)
tr49t67(WRFV3/run)
tr49t85(WRFV3/run)
tr67t85(WRFV3/run)
VEGPARM.TBL(WRFV3/run)
wrf.exe(WRFV3/run)
```

确保WPS输出的met_nmm.d01文件也存在或被链接到选定的运行模式的工作目录。若运行嵌套网格,也链接geo_nmm_nest文件。编辑工作目录中的namelist.input的日期、区域大小、时间步长、输出选项和物理选项。

运行工作目录下的real_nmm.exe的命令取决于操作系统。

(1) LINUX-MPI系统。建立并行或建立串行,命令是

```
mpirun - np n real_nmm.exe
```

或者

```
./real_nmm.exe > & real_nmm.out
```

“n”取决于要使用的处理器的数量。

(2) 某些IBM系统上批处理作业(如NCAR的IBM)。命令是

```
mpirun.lsf real_nmm.exe
```

(3) 交互运行(NCAR IBM上不能选择交互MPI程序)。命令是

```
mpirun.lsf real_nmm.exe-rmpool 1-procs n
```

“n”取决于要使用的处理器(CPU)的数量。

real_nmm.exe运行成功后,用于wrf.exe的下列文件可在工作目录中找到:

wrfinput_d01 (初始条件,单一时次数据)

wrfbdy_d01　(多种时间步长的边界条件数据)

要检查是否运行成功,查看日志文件的最后是否有“SUCCESS COMPLETE REAL_NMM INIT”(如rsl.out.0000、real_nmm.out)。

代码中的real_nmm.exe部分并不导入或束缚有关嵌套区域的任何文件。WRF-NMM嵌套区域的初始和边界条件由WRF模型运行期网格插值得到。

2.4　WRF-NMM模型基本特性

WRF-NMM模型采用地形跟随的σ和P混合垂直坐标系,垂直方向上有18层,网格采用Arakawa E-格点。所有过程采用相同的时步,包括能量和涡度的一些一阶和二阶量都是动量守恒的。WRF-NMM代码包含初始化程序(real_nmm.

exe)和数值积分程序(wrf. exe)。WRF-NMM 第三版有如下功能:实时数据模拟;非静力的和静力的(运行选项);全部物理过程选项;单向和双向嵌套;适用范围从几米到几千千米。

2.4.1 物理参数化方案选项

WRF 提供了多种可通过不同方式相互组合的物理参数化方案选项。已经测试的选项性能以及测试的等级包含在以下讨论中:建议所有格点中使用相同的物理参数化方案。唯一的例外就是积云参数化方案应在相对较粗的格点中使用,在较细格点中应该关闭。

1. 微物理过程

Kessler 方案:暖性降水(无冰水)方案。该方案在理想化的云模式研究中被普遍使用。(mp_physics=1)

Lin 等方案:一种复杂的包含冰、雪、霰过程的,适用于实时数据高分辨率模拟的方案。

WRF single-moment-3 class 方案:一种简单有效的包含冰和雪过程适用于中尺度格点的方案。

WRF single-moment-5 class 方案:计算混合相态过程和过冷水的方案。

Eta 微物理过程:诊断混合相态过程的方案。

WRF sigle-moment 6-class 方案:一种包含冰、雪、霰过程的适用于高分辨率模拟的方案。

Goddard 微物理方案:一种包含冰、雪、霰过程的适用于高分辨率模拟的方案。

新的 Thompson 方案:一种包含冰、雪和霰过程的适用于高分辨率模拟的新方案。

Milbrandt-Yau double-moment 7-class 方案:该方案为将冰雹和霰分为两类的包含双相的云、雨、冰、雪、霰和冰雹。

Morrison double-moment (双时刻)方案:该方案使用雨云可分辨模式,包含双相的雨、冰、雪和冰雹。

WRF double-moment 5-class 方案:该方案包含暖云过程双相的雨、云和云滴数浓度。但是在其他方面与 WSM5(WRF sigle-moment 5-class)方案相似。

WRF double-moment 6-class 方案:该方案包含暖云过程双相的雨、云和云滴数浓度。但是在其他方面与WSM6(WRF sigle-moment 6-class)方案相似。

2. 长波辐射(ra_lw_physics)

RRTM方案:快速辐射传输模式,考虑多波段、痕量气体和微物理种类(ra_lw_physics=1)。

GFDL方案:Eta的业务辐射方案。一种包含二氧化碳、臭氧和微物理效应的较老的多波段方案。

CAM方案:来自于CAM3气候模式中并用于CCSM方案,其中考虑气溶胶和痕量气体。

RRTMG方案:新的RRTM方案,包含随机云重叠的MCICA方法。

3. 短波辐射(ra_sw_physics)

Dudhia方案:能够有效地计算云和晴空吸收与散射的向下积分方案。使用于高分辨率模拟时需注意倾斜和阴影效应(ra_se_physics=1)。

Goddard短波方案:包含气候态臭氧和云效应的双束多波段方案。

GFDL短波方案:Eta的业务方案。包含气候态臭氧和云效应的双束多波段方案。

CMA方案:来自于CAM3气候模式并用于CCSM方案,其中考虑气溶胶和痕量气体。

RRTMG短波方案:一种新的RRTM方案,包含随机云重叠的MCICA方法。

Held-Suarez relaxation(松弛)方案:一种只用于理想化测试的温度松弛方案。

4. 表面层(sf_sfclay_physics)

MM5类似的方案:基于含有Carslon-Boland黏性底层和来自查表中的标准相似函数的Monin-Obukhov方案 (sf_sfclay_physics=1)。

Eta类似的方案:使用于Eta模式中,基于含有Zilitinkevich热粗糙长度和来自查表的标准相似函数的Monin-Obukhov方案。

NCEP全球预报系统(GFS)方案。

Pleim-Xiu表面层。

QNSE表面层:准正态尺度消元方案的地表层选项。

MYNN地表层:Nakanishi and Niino行星边界层的地表层方案。

5. 陆面层(sf_surface_physics)

5-layer 热扩散:只包含土壤温度的方案,使用5层(Sf_surface_physics=1)。

Noah 陆面模式:统一 NCEP/NCAR/AFWA 方案,含有四个不同层次上的土壤温度与湿度、积雪覆盖面积和冻土物理过程。

RUC 陆面模式:RUC 业务方案,具有六个层次的土壤温度与湿度,以及多层的积雪和冻土物理过程。

Pleim-Xiu 陆面模式:两层模式方案,包含植被和次网格覆盖。

GFDL 平板模式:与 GFDL 表面层模式一起使用。

6. 行星边界层(bl_pbl_physics)

Yonsei 方案:对于显示混合层采用 Non-local-K 方案,对于不稳定混合层采用抛物线状的K分布(bl_pbl_physics=1)。

Mellor-Yamada-Janjic 方案:含有局地垂直混合的一维诊断湍流动能方案。

NCEP 全球预报系统(GFS)方案:行星边界层高度由迭代的 Bulk-Rechardson 方法从地面向上积分确定,地表面之上扩散系数分布是行星边界层高度的三次函数。而系数值是由耦合表面通量得到的。

ACM2 PBL:非局地上升混合与局地下沉混合的非对称对流模式。

准正态尺度消元行星边界层(Quasi-Normal Scale Elimination PBL)。用于层状稳定区的新理论的湍流动能预报选项。

Mellor-Yamada Nakanishi and Niino Level 2.5 PBL:预报次网格湍流动能项。

Mellor-Yamada Nakanishi and Niino Level 3 PBL:预报湍流动能和其他二阶项。

BouLac PBL(Bougeault-Lacarrère PBL):湍流预报选项。注意:2m 温度只有在运行 MYJ 方案中才能得到。

7. 积云参数化(cu_physics)

Kain-Fritsch 方案:使用有下沉气流和 CAPE 可移动时间尺度的质量通量近似(cu_physics=1)的深对流和浅对流次网格方案。

Betts-Miller-Janjic 计划。柱状水汽调整方案与一个充分混合廓线相关。

Grell-Devenyi 集合方案:多方案表达,多参数,集成了典型的144个次网格成员的方案。

Grell 三维集成积云方案：此方案具有高的分辨率考虑了邻区中的下沉。

Old Kain-Fritsch 方案：带有下沉气流和对流有效位能的质量通量近似可移动时标的深对流方案。

8. 其他物理方案

gwd_opt：重力波阻方案。网格大小大于 10 km 时可以被激活，可以有效地模拟 5 天以上以及山脉的大尺度区域。

momix：系数用于动量混合趋势关系的计算。默认值 momix＝0.5。仅与 SAS 积云方案一起使用。

h_diff：此系数用于水平动量扩散的计算。默认值 h_diff＝1.0。仅当环境变量 HWRF 已经设定后使用。

sfenth：焓通量因子。默认 sfenth＝0.0。仅用于 GFDL 地表方案。

2.4.2　变量列表说明

在 namelist.input 文件中的设置用于配置 WRF 模型。这个文件应注明：日期、数量与域的大小、时间步长、物理选项和输出选项。当修改 namelist.input 文件时，一定要考虑以下几点。

时间步长 time_step：如果 d 是两个相邻点之间的格点距离（在 WRF 模型的 E-网格的对角线方向），dt 是时间步长，c 是最快过程中的相速度，CFL 标准要求：$(c\times dt)/[d/\mathrm{sqrt}(2.)]\leqslant 1$，也就是说：$dt\leqslant d/[\mathrm{sqrt}(2.)\times c]$。最简单的用来得到每小时时步整数的方法是 2.23×格距(km)或 330×角度格距。例如，若粗网格的格距为 12 km，dt＝27 s.

e_we and e_sn 给定交错的 WRF-NMM 的 E-网格，粗网格的东西方向(e_we)和南北方向(e_sn)的结束标志需要小心地设定，WRF-NMM 中 n_sn 的值必须为 EVEN。

使用 WPSA 时，粗网格设置如下：

```
e_we(namelist.input)=e_we (namelist.wps)
e_sn(namelist.input)=e_sn (namelist.wps)
```

例如，母网格 e_we 和 e_sn 设置如下：

```
namelist.input      namelist.wps
e_we=124,           e_we=124,
e_sn=202            e_sn=202
```

当选择嵌套网格 e_we 和 e_sn 时，除了以上声明的，没有其他的规则需要考虑。

dx 和 dy：在 WRF-NMM 中，dx 和 dy 用度而不是用米来表示水平格距和垂直格距。请注意，dx 应该稍大于 dy，因为在旋转格点上子午线收敛角更接近两极。在 namelist. input 中的网格间距应与 namelist. wps 中的相同。

使用 WPS 时，dx(namelist. input)＝dx(namelist. wps)，dy(namelist. input)＝dy(namelist. wps)。

当运行多重嵌套的模拟时。Namelist 中应该分别通过命令设置 N 值，包括 dx，dy，e_we，e_sn。

nio_tasks_per_group：I/O 任务数(nio_tasks_per_group)应该均匀分布到 J 方向格点的计算任务中(即 nproc_y 的值)。例如，如果有 6 个在 J-方向的计算任务，nio_tasks_per_group 可以合理地设置为 1，2，3 或 6。

2.4.3 运行 WRF

运行 wrf. exe 前，要先成功运行 real_nmm. exe。如果使用运行 wrf. exe 与运行 real_nmm. exe 的工作目录不同，那么保证 wrfinput_d01、wrfbdy_d01、real_nmm. exe 单子上列出的文件都在 wrf. exe 所在的工作目录下(可以在此路径下链接这些文件)。

1. 运行 wrf. exe 命令

在工作目录上运行 wrf. exe 命令的不同将取决于操作系统的差异。

(1) 在 LINUX-MPI 系统上，命令为

DM 并行：

```
mpirun-np n wrf.exe 或串行：./wrf.exe > & wrf.out
```

这里的"n"代表 CPU 的使用数量。

(2) 对于一些使用批处理的 IBM 系统(例如，NCAR 的 IBM)，命令为

```
mpirun.lsf wrf.exe
```

(3) 对于交互式运行的(NCAR IBM 中没有交互式的 MPI 任务的选项)，命令为

```
mpirun.lsf wrf.exe-rmpool 1-procs n
```

这里的"n"代表使用的 CPU 的数量。

2. 检查 wrf. exe 的输出

成功运行 wrf. exe 之后会产生如下命名的输出文件：

wrfout_d01_yyyy-mm-dd_hh:mm:ss

例如，运行起始时间是2005年1月23日0000(世界时)后，首次输出的文件为

wrfout_d01_2005-01-23_00:00:00

如果多重格点在模拟中被使用，那将产生如下的输出文件：

wrfout_d02_yyyy-mm-dd_hh:mm:ss

wrfout_d03_yyyy-mm-dd_hh:mm:ss

…

检查运行是否成功，查阅在log文件(例如，rsl.out.0000，wrf.out)的末尾是否显示"SUCCESS COMPLETE WRF"。

输出文件的时间可以输入以下命令查询：

```
ncdump-v Times wrfout_d01_2005-01-23_00:00:00
```

当成功运行wrf.exe文件后就会生成wrfout文件并且每个wrfout文件的生成时间取决于namelist.input中指定的输出选项(例如，frames_per_outfile和history interval)。如果在总的综合长度中设置过了重新启动的频率(重新启动时间间隔在namelist.input中设置)，那Restart文件也生成了。

```
wrfrst_d01_yyyy-mm-dd_hh:mm:ss
```

2.4.4　多区域的设计

WRF-NMM V2.2支持固定的单向和双向的嵌套。在namelist.input文件中的转换开关设置为0或1，对应为一维或二维的嵌套网格。模式在同层或多层嵌套网格上(没有重叠的嵌套网格)同时处理多区域。保证编译代码时嵌套选项是开启的。

嵌套网格的位置可以在一级网格内的任何地方，嵌套格点只要在离一级网格边界至少5个格点以内的区域里。与最粗糙的区域相似，嵌套网格使用E-staggered格点将经纬度投影旋转。一级网格和嵌套网格的水平格点空间比为1∶3，就是说每三个嵌套网格点包含了一个一级网格点。嵌套网格的时间步长一定是一级网格时间步长的1/3。

垂直方向上没有使用嵌套，那是因为嵌套网格在垂直方向上的层次与一级网格相同。注意，当嵌套网格和一级网格的混合层在σ空间分布上一致时，两者在气压值和高度空间上的层次是不同的。这是因为地形的差异造成了嵌套网格和一级网格上的气压值不同。

嵌套可以在模式预测开始时就引入也可在运行后引入。同样，嵌套可以引用

到模拟预测结束,也可在未结束前停止。namelist 变量中的 start_* 和 end_* 就是控制嵌套的开始和结束时间的。

当嵌套开始,其地形场就从 WPS 得到的嵌套层产生的静态场获得了。地形场是唯一从静态场中得到的。所有嵌套格点的其他信息是从低分辨率的一级场中获得的。陆地变量,例如,海陆分界线、土壤温度和湿度是从就近的格点上得到。

为了得到嵌套网格初始的温度场、重力势场和湿度场:第一步,利用三次样条法对一级网格从混合层到等压面的每层水平格点进行垂向插值;第二步,在水平方向上将一级网格上的值进行双线性插值到嵌套网格上;第三步,使用高分辨率的地形场和重力势场确定嵌套网格的地表气压;最后一步,垂向上使用三次样条插值计算嵌套格点混合表面的重力势场、温度场和湿度场。

风的经向和纬向的分量首先从一级网格水平双线性插值到嵌套网格上得到。然后垂直方向上风的分量是将一级格点场混合表面进行三次样条插值得到。

网格边界条件在初始域的每个时间增长内进行更新,网格最外面的行/列等于插入网格格点的初始域,这个过程与用外部数据源更新最粗域边界的过程类似。为了获得网格最外行/列的质量场和动力场的值,从初始网格到网格的插值方式与网格初始化的方式相同。

启动网格的大部分参数经过列表来处理。注意:namelist. input 文件中的所有变量都有多列条目,编辑时应小心。

以下是需要更新的关键名单变量。

start_和 end_year/month/day/minute/second:这些变量控制着网格的初始和终止时间。

history_interval:以分钟为周期的历史输出文件(仅限整数)。

frames_per_outfile:每个历史输出文件的输出次数,用于将输出文件分割成更小的文件。

max_dom:该变量设置成大于 1 的值时,将调用网格化。例如,如果想得到一个粗糙域和一个网格,则将该变量设为 2。

e_we/e_sn:分别表示网格东西向和南北向的网格格点数,在 WPS 中,指定 e_sw,e_sn 的值使网格覆盖整个粗糙格点域,而在 namelist. input 文件中,指定 e_we 和 e_sn 的值使得网格覆盖整个网格域。

e_vert:垂直方向上的格点数。由于在垂直方向上未网格化,所以网格必须与其初始网格有相同数量的层。

dx/dy:以度计量的格点间隔,网格的格点间隔必须为其初始网格格点间隔的 1/3。

grid_id:域标识将应用在 wrfout 命名规则中,粗格点必须满足 grid_id=1。

parent_id:表示每个网格的原始格点,原始格点应该通过它们的 grid_id 来识别。

i_parent_start/j_parent_start:网格域的左下角起始指数在初始域中,粗网格应满足 parent_id=1。

parent_grid_ratio:整数化初始网格格点大小。注意:对 NMM 来说必须为 3。

parent_time_step_ratio:整数化初始网格格点步长大小。注意:对于 NMM 来说必须为 3。由于网格的时间步长用该变量表示,名单变量 time_step 只表示粗格点的值。

feedback:如果 feedback=1,网格中预测变量的值将被反馈,并且覆盖交叉点上粗糙域的值,0 表示无反馈。

除了上述所列变量,下面的变量用来表示物理参数,对所有的域都要赋值。(列数与域相等)mp_physics,ra_lw_…

第3章　排放源清单的建立与分析

通过直接利用现有软件和中国多尺度排放清单模型(multi-resolution emission inventory for China,MEIC)来创建一个利用CMAQ模型进行大气化学成分模拟过程中所需排放源文件(程兴宏,2008),从而提出一种基于MeteoInfoLab软件和2012MEIC源清单制作区域排放源的方法,以实现模拟更准确和使用更方便的优点。其主要内容包括:数据预处理子系统、研究区域排放源参数化子系统以及可视化展示子系统。

3.1　建立排放源清单的步骤

1. 安装和配置MeteoInfoLab软件包

MeteoInfoLab是以脚本编写和命令行交互为主的软件,用Jython语言对MeteoInfo库进行了封装,提供科学计算和绘图的功能,函数参照MATLAB、NumPy、Matplotlib实现,其集成了ArcGIS、MATLAB等软件的部分功能。

2. 使用MEIC模型源清单

该清单文件的初始格式为ASCII格式文件。

借鉴使用清华大学张强研究团队制作的MEIC模型源清单,每个文件包括电力、工业、民用、交通、农业等五个部门的排放数据。排放空间分辨率为0.25°×0.25°,空间范围为:40.125°~179.875°E,20.125°S~89.875°N。各污染物排放数据维度为560(列)×441(行)×12(月)。

3. MEIC排放源清单的预处理过程

将ASCII格式数据转换为NetCDF格式文件，利用nc文件的易读性，来读取MEIC排放源中各个物质的网格信息，可以读取前6行来解读相应物质的主要网格信息。

4. 确定单位网格中各种化学机制的质量浓度

计算MEIC排放源清单中的网格面积，确定单位网格中各种化学机制的质量浓度。

MEIC源清单根据实际要求，各污染物单位为吨/网格；另外，清单提供了CB05和SAPRC99两种化学机制物质排放，空间范围与其他污染物一致，单位为：10^6 mol/grid，进行计算转换，方便后续处理。

5. 获取研究区域相关气象数据和研究范围

利用WRF模型设置和调整研究区域相关参数，获取研究区域相关气象数据与研究范围。

(1) 获取模拟不同时间范围内，美国国家环境预报中心全球气象场分析资料数据和美国国家海洋与大气管理局全球海面温度场资料数据，作为WRF模型运行的输入数据资料，同时获取模拟时间内，中分辨率成像光谱仪地表类型数据与地面高程数据作为驱动WRF运行的地形数据资料；根据研究区域地理位置和评估范围的差异设定不同的评估区域，并对气象输入数据和地形输入数据进行预处理，从而获得与WRF模型设定网格分布一致的输入数据，水平方向上使用兰勃特投影方式(Lambert)，设定为两层嵌套网格，水平网格距分别为27km、9km，在垂直方向上采用阶梯地形垂直坐标(eta坐标)，共分为16层。

(2) 设置WRF模型中具有较大影响的不同参数化方案组合，包括辐射过程方案、路面过程方案、边界层过程方案、微物理过程方案、云物理过程方案、气象化学方案和气溶胶化学方案。

6. 排放源自上而下的垂直分配参数化设置

对排放源影响最大的一个问题就是对2012MEIC源在空间上的分配，即不同高度，污染物质量浓度会发生改变，主要影响因素是气候因素和空气的不规则运动。除此之外不同部门下的物质在相同高度其质量浓度也是有差别的，因此在垂直分配上要分别考虑5种不同污染源在垂直方向上的分配比率。

7. 排放源的时间分配参数化设置

对 2012MEIC 排放源进行时间上变化分配，以适应月变化、日变化和小时变化。

8. 生成最终排放源文件

合并排放源中不同部门下相同物质种类，生成最终排放源文件。

3.2 建立排放源清单的工具

3.2.1 MeteoInfo 软件

MeteoInfoLab 是以脚本编写和命令行交互为主的软件，用 Jython 语言对 MeteoInfo 库进行了封装，提供科学计算和绘图的功能，函数参照 MATLAB、NumPy、Matplotlib 实现，其集成了 ArcGIS、MATLAB 等软件的部分功能。

图 3.1 为 MeteoInfo 主要桌面分布图。双击 MeteoInfoLab. exe 启动（Linux 下用 milab. sh 启动），界面中包含 5 个可停靠窗体：Editor 是脚本编辑窗体，Console 是命令行交互窗体，Figures 是图形显示窗体，File explorer 是文件浏览窗体，Variable explorer 是变量浏览窗体。菜单栏和工具栏主要是脚本编辑功能，工具栏右侧的 Current Folder 是当前的工作目录，当前工作目录中的子目录和文件会显示在 File explorer 窗体中，可用通过 Current Floder 右侧的按钮或者 File explorer 中单击返回上级路径和双击子目录来改变当前工作目录。

3.2.2 MEIC 源清单

目前国内主要使用的排放源清单是由清华大学张强研究团队制作的 MIX 排放清单和 MEIC 模型源清单，其中 MIX 排放清单是为 2008 年和 2010 年亚洲东亚模式比较计划第三期（MICS-Asia III）和联合国半球大气污染传输计划开发的人为源排放清单。该清单采用多尺度数据耦合方法开发，通过耦合同化 MEIC（中国）、PKU-NH_3（中国氨排放清单）、CAPSS（韩国）、ANL-India（印度）、REAS2（日本、中国台湾等国家和地区）等本地化排放清单，为多尺度的大气化学传输模式提供排放输入数据。

MIX 清单提供了 2008 年和 2010 年亚洲 30 个国家和地区的人为源污染物和

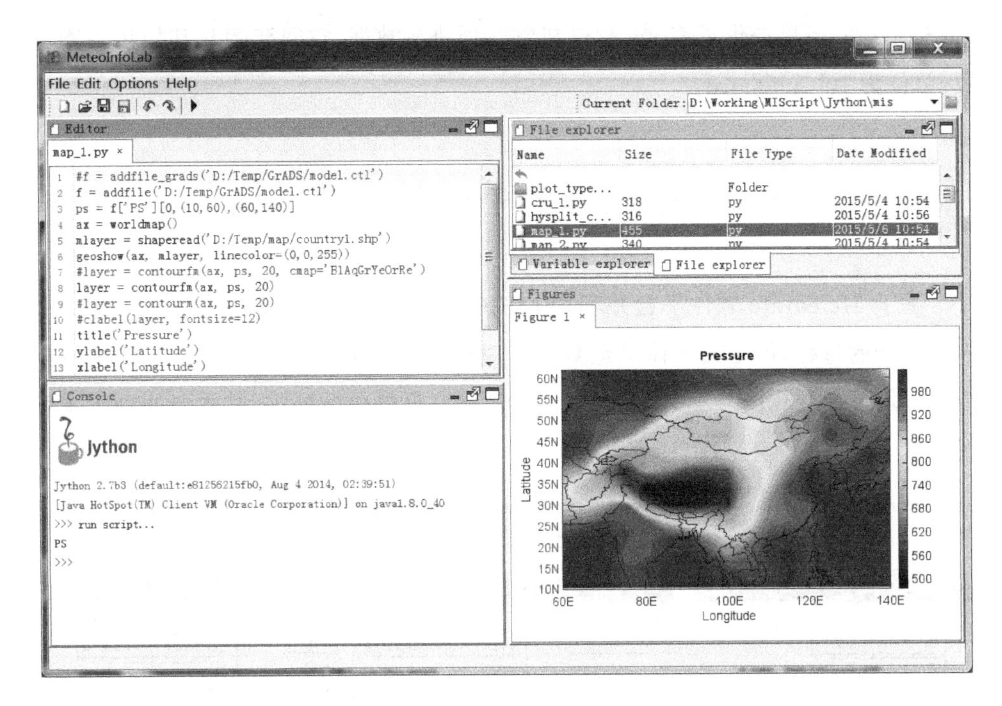

图 3.1　MeteoInfo 主要桌面分布图

温室气体排放数据，包括 SO_2、NO_x、CO、NH_3、NMVOC（挥发性有机物）、PM_{10}、$PM_{2.5}$、BC、OC、CO_2 等十种主要大气化学成分，以及 CB05 和 SAPRC-99 两种大气化学机制的分组排放数据。清单提供五个排放部门（电力、工业、民用、交通、农业）0.25°空间分辨率的逐月网格化排放数据，可满足多个尺度大气化学传输模式的模拟需求。

2. MIX 源清单的主要格式

排放数据格式为 NetCDF。

文件格式为：MICS_Asia_xx（物质名称）_xxxx（年份）_0.25×0.25.nc。

每个文件包括电力、工业、民用、交通、农业五个部门的排放数据。

排放空间分辨率为 0.25°×0.25°，空间范围为：40.125°～179.875°E（网格中心点），20.125°S～89.875°N（网格中心点）。各污染物排放数据维度为 560（列）×441（行）×12（月）。

3. MEIC 源清单的主要格式

该清单数据包括年度各个污染物的全年和逐月的排放数据；文件类型为 ASC；排放的空间范围可通过读取 ASC 文件的前六行获取；各污染物单位为

t/grid;另外,清单提供了 CB05 化学机制物质排放数据,空间范围与其他污染物一致,单位为 10^6 mol/gird。

3.3 排放源清单的预处理过程

基于 MeteoInfo 软件平台并利用 MEIC 排放源制作某区域的排放源,是一个极其复杂的过程,但是其主体思想基本为对现有的排放源进行月均系数变化的分配和日均系数变化的分配,以及对垂直层不同高度的分配处理,其主要的制作流程图如图 3.2 所示。

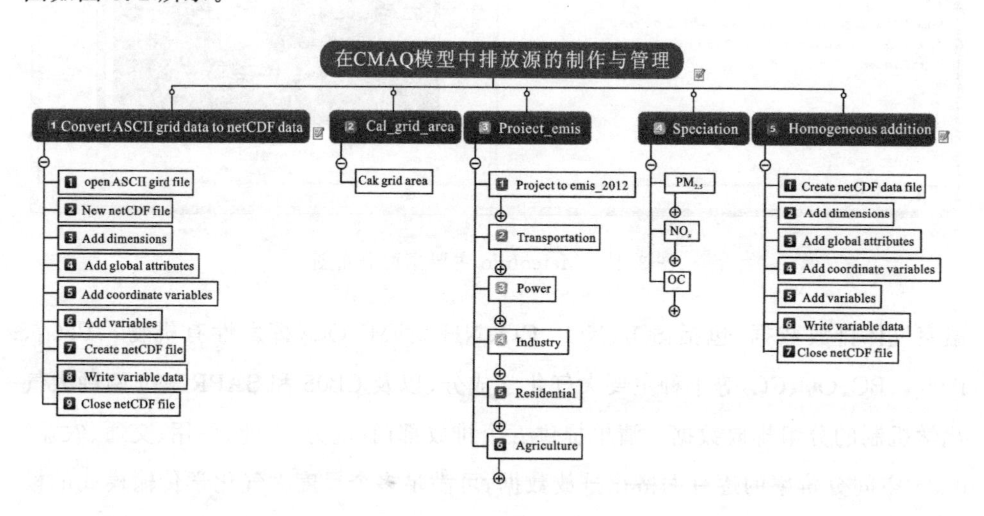

图 3.2 区域排放源制作流程图

利用 nc 文件的易读性,来读取 MEIC 排放源中各个物质的网格信息,可以读取前 6 行来解读该物质的主要网格信息,如下。

```
File Name:V:/emission/asc/2012_industry_BC.asc
Data Type:Sufer ASCII Grid
XNum= 320 YNum= 200
XMin= 70.0 YMin= 10.0
XSize= 0.25 YSize= 0.25
UNDEF= - 9999.0
```

将 ASCII 格式数据转换为 Net CDF 格式文件,计算排放源清单中的网格面积。

3.4 区域排放源清单制作流程

1. 污染物质的部门分类

根据传统污染物的分类和来源的划分方法，将主要污染物分别划分为电力、工业、民用、交通和农业五个部门，每个部门下又分为多种有机物和多种无机物。打开排放源数据，读取该数据的经纬度范围。

2. 读取网格面积

这一步主要是读取上一步计算得到的网格面积，来进行下一步的计算。

3. 计算单位网格中的排放源面积

由于各污染物的单位为吨/网格，所以要根据模型的实际需求进行转换。首先，将污染物的质量由 T/(grid · month)转换成 g/(km^2 · month)。其次，将污染物的质量由 g/(km^2 · month)转换成 g/(km^2 · d)。最后，将有机污染物的质量由 g/(km^2 · d)转换成 mol/(km^2 · d)。

在后面的数据被写入的过程中，最终将污染物的质量浓度由 mol/(km^2 · d)转换成 mol/(km^2 · s)。而有机物的质量浓度只需要从 10^6 mol/grid 换算成 mol/grid 即可。

4. 读取模型网格数据

CMAQ 通过与 WRF 进行耦合生成输入的气象数据，该过程主要是将由 WRF 生成的气象文件插入到 CMAQ 中，来提供气象网格数据。在这一过程中需要将排放源中的污染物按照垂直高度层进行重新分配。

5. 赋予排放源投影坐标

利用 WRF 转换成的排放数据进行数据插值，将 wrf_out 的坐标投影插值到区域排放源清单中，使其在以后保持同一个坐标投影。

6. 计算排放中每个网格的面积，创建 Net_CDF 文件

每个网格是指在自己需要模拟区域的最外层的网格面积，创建 Net_CDF 文件。

第 4 章　WRF-CMAQ 气象化学耦合模型的构建

选择气象模型(如 MM5 或 WRF-ARW),为 CMAQ 和排放模型输入生成网格气象。排放模型将排放清单转换为适合 CMAQ 运行的网格小时排放数据,目前,SMOKE 和 CONCEPT 排放模型可用于制定 CMAQ 的排放数据。在 CCTM 模拟中结合生物源排放或点源羽流上升来处理 CMAQv5 中的排放源。

4.1　CMAQ 的输入文件

CMAQ 程序所需的输入文件由多个 CMAQ 程序使用的网格定义和描述文件开始,然后通过逐个程序列出 CMAQ 输入文件的要求。

表 4.1 列出了 CMAQ 每个输入文件的源、文件类型、时间和空间维度。I/O API 文件大小可以使用 CMAQ 文件中的变量数以及数据的空间和时间覆盖来计算。

表 4.1　CMAQ 输入文件一览表

	文件名	文件类型	来源	备注
General	GRIDDESC(水平域定义)	ASCII	user/MCIP	
	gc_matrix. nml	ASCII	user/CSV2NML	
	ae_matrix. nml	ASCII	user/CSV2NML	
	nr_matrix. nml	ASCII	user/CSV2NML	
	tr_matrix. nml	ASCII	user/CSV2NML	

续表

	文件名	文件类型	来源	备注
ICON	IC_PROFILE(初始条件)	ASCII	User	Annual 年度
	CTM_CONC_1(CCTM 浓度文件)	GRDDED3	CCTM	小时均值 $x \times y \times z$
	MET_CRO_3D(3D 气象交叉点场)	GRDDED3	MCIP	小时均值 $x \times y \times z$
BCON	BC_PROFILE(边界条件)	ASCII	User	Annual 年度
	CTM_CONC_1(CCTM 浓度文件)	GRDDED3	CCTM	小时均值
	MET_CRO_3D(3D 气象交叉点场)	GRDDED3	MCIP	$X \times Y \times Z$
JPROC	ET(辐射)	ASCII	User	Annual
	PROFILES(默认大气层)	ASCII	User	Annual
	O2ABS(O_2的吸收)	ASCII	User	Annual
	O3ABS(O_3吸收)	ASCII	User	Varies 变化
	TOMS(总臭氧测绘光谱仪数据)	ASCII	User	Annual 年度
	CSQY	ASCII	User	Annual 年度
MCIP	InMetFiles(MM5 或 WRF ARW 输出文件列表)	二进制或 NetCDF	MM5 和 WRF ARW	小时均值 $x \times y \times z$
	InTerFile(MM5 中尺度地形文件)	Binary 二元的	MM5	$X \times Y$
	InSatFiles			
CCTM	INIT_CONC_1(初始条件)	GRDDED3	ICON/CCTM	时间不变；$x \times y \times z$
	BNDY_CONC_1(边界条件)	BNDARY3	BCON	小时均值 $2(X+1)+2(Y+1) \times Z$
	J 表(光解率查表)	ASCII	JPROC	Daily 每日
	OMI	ASCII		Annual 年度
	EMIS_1(排放)	GRDDED3	SMOKE	小时均值 $x \times y \times z$

续表

	文件名	文件类型	Source(源)	备注
CCTM	OCEAN_1(海盐排放)	GRDDED3	Spatial Allocator 空间分配	时间不变;$x \times y$
	GSPRO	ASCII	User	时间不变
	B3GRD(网格化生物排放)	GRDDED3	SMOKE	时间不变;$x \times y$
	BIOSEASON(冰冻日期)	GRDDED3	Metscan	时间不变;$x \times y$
	STK_GRPS_##(层积)	GRDDED3	SMOKE 烟	时间不变;$x \times y$
	STK_EMIS_##(点源排放)	GRDDED3	SMOKE 烟	小时均值 $x \times y$
	DUST_LU_1	GRDDED3	Spatial Allocator 空间分配	时间不变;x×y
	DUST_LU_2	GRDDED3	Spatial Allocator 空间分配	时间不变;$x \times y$
	CROPMAP01	GRDDED3	Cropcal	时间不变;$x \times y$
	CROPMAP04	GRDDED3	Cropcal	时间不变;$x \times y$
	CROPMAP08	GRDDED3	Cropcal	时间不变;$x \times y$
	LTNGNO	GRDDED3	User	小时均值 $x \times y \times z$
	LTNGPARM_FILE	GRDDED3	LTNG_2D_DATA	月均值;$x \times y$
	B4LU_file	GRDDED3		时间不变;$x \times y$
	E2C_Soilfile	GRDDED3		时间不变;$x \times y$
	E2C_Fertfile	GRDDED3		时间不变;$x \times y$
	INIT_MEDC_1	GRDDED3		$X \times Y$
	GRID_CRO_2D(2D 网格交叉点)	GRDDED3	MCIP	时间不变;$x \times y$
	GRID_DOT_2D(2D 格点场)	GRDDED3	MCIP	时间不变;$(x+1) \times (Y+1)$
	MET_BDY_3D(3D 气象边界数据输入)	BN DARY3	MCIP	小时均值;周长$\times Z$
	MET_CRO_2D(2D 气象交叉点场)	GRDDED3	MCIP	小时均值 $x \times y \times z$
	MET_CRO_3D(3D 气象交叉点场)	GRDDED3	MCIP	小时均值 $x \times y \times z$
	MET_DOT_3D(3D 气象点场)	GRDDED3	MCIP	小时均值 $(x+1) \times (Y+1) \times Z$

1. GRIDDESC

CMAQ网格描述文件(GRIDDESC)供除了JPROC和MCIP定义建模领域的水平空间网格的所有程序使用。GRIDDESC实现I/O API网格的约定。

GRIDDESC是文本文件存储的水平坐标和逻辑名称网格的描述,这是由dscgrid和dscoord读取的。每段有一行标题(按惯例为数据记录中的列提供标题)数据记录的序列,和一个名称字段空白终端记录。GRIDDESC文件是自动生成的GRIDDESC MCIP;或者可以使用文本编辑器创建。

表4.2提供坐标系统的名称、地图投影和描述参数(p_alp,p_bet,p_gam,xcent,和ycent)。

表4.2　GRIDDESC坐标系统描述部分

名称	类型	描述
Header	String字符串	即单引号分隔的标题描述节选内容;可能是空白的
COORD-NAME	String字符串	坐标描述的名称(必填);单引号分隔
COORDTYPE	Int	I/O API索引定义地图投影类型(必填)
P_ALP	Double双	第一地图投影描述参数(取决于投影式)
P_BET	Double双	第二地图投影描述参数(取决于投影式)
P_GAM	Double双	第三地图投影描述参数(取决于投影式)
XCENT	Double双	坐标中心经度
YCENT	Double双	坐标系中心纬度

表4.3描述GRIDDESC的水平坐标,参数xorig,yorig,xcell,ycell,ncols,nthik,nrows的名称。

表4.3　对GRIDDESC网格定义段

名称	类型	描述
Header		单引号分隔的标题描述节内容;可能是空白的
GRID-NAME	String字符串	水平网格名称(必填);单引号分隔
COORD-NAME		在前一节坐标中描述(要求)的名称;单引号分隔

续表

名称	类型	描述
XORIG	Double 双	相对于网格角(XCENT,YCENT)的西南为 x-坐标左下角(取决于投影式)
YORIG	Double 双	相对于网格角(XCENT,YCENT)的西南为 y-坐标左下角(取决于投影式)
XCELL	Double 双	x-坐标网格单元大小(取决于投影式)
YCELL	Double 双	y-坐标网格单元大小(取决于投影式)
NCOLS	Int	水平网格列数(依赖投影类型)
NROWS	Int	水平网格行数(依赖投影类型)
NTHIK	Int	边界周长(单元格数量)(可选)

这些数据中的每个数据都由两个或三个列表行组成(每项是由空格或逗号分隔),名称字段一般应用字符串,并出现在第一行;双字符串的数字既可以出现在第二行也可以出现在第三行。取决于它们是在 GRIDDESC 的第一段还是第二段。

```
COORD-NAME
COORDTYPE,P_ALP,P_BET,P_GAM
XCENT,YCENT
or
COORD-NAME
COORDTYPE,P_ALP,P_BET,P_GAM,XCENT,YCENT
and
GRID-NAME
COORD-NAME,XORIG,YORIG,XCELL,YCELL
NCOLS,NROWS,NTHIK
or
GRID-NAME
COORD-NAME,XORIG,YORIG,XCELL,YCELL,NCOLS,NROWS,NTHIK
```

2. gc|ae|nr|tr_matrix.nml:物质名单文件

应用于程序 BCON,CCTM,ICON,JPROC,PROCAN。

用于不同类别的模拟污染物的名单文件查找，也用于在执行 CMAQ 程序期间定义不同模型物质的参数。相态(gc)、气溶胶(ae)、非反应性(nr)和示踪物(tr)物质列表文件包含这些不同分类中的模型物质的参数。物质名单文件用于控制不同的 CMAQ 程序和如何处理模型物质的过程。名单文件为每个模型物质定义以下过程。

Emissions：排放的污染物质。

Emissions factor：排放量。

Deposition velocity：沉积速度。

Initial/boundary conditions (IC/BC 因子)：污染物是在初始/边界条件下，排放的浓度。

Scavenging：清除。

Scavenging factor：清除因子。

Gas-to-aerosol conversion：污染物是否从气相到气溶胶相进行非均相转化。

Gas-to-aqueous conversion：污染物是否从气相到液相进行非均相转化。

Aerosol-to-aqueous conversion：污染物是否经历了从气溶胶相到液相的非均相转变。

Transport：对流和扩散的污染物运输模型。

Dry deposition：把污染物写入干沉降输出文件。

Wet deposition：将污染物写入湿沉降输出文件。

Concentration：写入污染物的瞬时浓度输出文件。

污染物相态(GC)的物质名单文件格式如表 4.4 所示。

表 4.4　GC 的物质名单文件格式

名称	类型	描述
File type	字符串	&GC_nml，文件类型
Number of surrogate params	字符串	n_surr1＝x，替代参数的数量
Number of params	字符串	n_surr2＝x
Number of control params	字符串	n_ctrl＝x，控制参数的数量
Header ID	字符串	TYPE_HEADER＝
HEADER	字符串	由单引号括起来的文件列的缩写名称

续表

名称	类型	描述
Matrix ID	字符串	TYPE_MATRIX=
SPC	String 字符串	CMAQ 污染物名称,NO,HNO_3,PAR
MOLWT	整数	污染物分子量
EMIS_SUR	字符串	CMAQ 污染物排放种类名称
EMIS_FAC	真实的	输入排放比例因子
DEPV_SUR	字符串	沉积速度变量名 CMAQ 污染物
DEPV_FAC	真实的	沉积速度的标度因子
ICBC_SUR	字符串	IC/BC 的物质名称 CMAQ 污染物
ICBC_FAC	字符串	IC/BC 浓度的比例因子
G2AE_SUR	字符串	气-气溶胶转化物质
G2AQ_SUR	字符串	气水转化物质
TRNS	是/否	传输开关
DDEP	是/否	干沉降输出文件开关
WDEP	是/否	湿沉降输出文件开关
CONC	是/否	集中输出文件开关

对于其他污染物名单文件也有类似的配置。

3. IC_PROFILE:初始条件的垂直分布

ICON 可以从两个不同的输入文件类型生成初始条件。第一个文件类型是 ASCII 垂直配置文件,它列出了在空间和时间上不同模型层中固定的物质浓度。从 ASCII 垂直配置文件生成初始条件,“prof”输入模块时,选择编译程序;第二个文件类型是从之前 CMAQ 模型运行的 ICON 的一个集中文件里,形成 CTM_CONC_1 files。

IC_PROFILE 包含注释部分描述数据和文件说明部分,定义了文件中污染物的垂直水平的数量以及垂直水平的分布。在不使用 ICON 的时候,IC_PROFILE 记录朱利安计时法开始的日期和数据的开始时间。

在 IC_PROFILE 里从污染物的名称开始,每行对应一个不同的污染物,每个层中包含模拟的物质浓度；ICON 程序将数据插值到正确的垂直格式的模拟中。

初始条件只提供了第一个小时的模拟模型。这是基于 ASCII 垂直廓线的初始条件，包括在每个模型层输入 CCTM 网格文件 zontally 统一物质的浓度。在空间水平方向上分辨的初始条件下，有必要使用其他输入文件类型的 ICON，一个存在 GCCTM 的浓度文件(ctm_conc_1)。

初始条件垂直剖面的文件格式的详细描述在表 4.5。

表 4.5　IC_PROFILE 格式描述

名称	类型	描述
Text Header 文本标题	字符串	文本描述的内容和源的初始条件文件(可选)
NUM_Σ_LVL	Int	文件中包含的 σ 水平数(必需)
NUM_POLL	Int	文件中包含的污染物数量(必填)
Σ_LVL	真实的	σ-p 水平垂直坐标值
…	…	…
STDATE	字符串	朱利安计时法开始日期的文件，yyyyddd(可选)
STTIME	字符串	文件开始时间，HH(可选)
SPECIES1	字符串	污染物名称，在双引号里表达(必填)
LAYER1_IC	指数函数	最低 σ 水平层中物质 1 的 IC 浓度(要求)
LAYER2_IC	指数函数	第二 σ 水平层中物质 1 的 IC 浓度(要求)
LAYER3_IC	指数函数	第三 σ 水平层中物质 1 的 IC 浓度(要求)
LAYER4_IC	指数函数	第四 σ 水平层中物质 1 的 IC 浓度(要求)
LAYERX_IC	指数函数	在第 X 个 σ 层中物质 1 的 IC 浓度(需要)
SPECIES2	指数函数	污染物名称，在双引号里表达(必填)
LAYER1_IC	指数函数	最低 σ 水平层中物质 2 的 IC 浓度(要求)
LAYER2_IC	指数函数	第二 σ 水平层中物质 2 的 IC 浓度(要求)
LAYER3_IC	指数函数	第三 σ 水平层中物质 2 的 IC 浓度(要求)
LAYER4_IC	指数函数	第四 σ 水平层中物质 2 的 IC 浓度(要求)
LAYERX_IC	指数函数	在第 X 个 σ 层中物质 2 的 IC 浓度(需要)

续表

名称	类型	描述
…	指数函数	…
SPECIESZ	指数函数	污染物名称,在双引号里表达(必填)
LAYER1_IC	指数函数	最低 σ 水平层中物质 Z 的 IC 浓度(要求)
LAYER2_IC	指数函数	第二 σ 水平层中物质 Z 的 IC 浓度(要求)
LAYER3_IC	指数函数	第三 σ 水平层中物质 Z 的 IC 浓度(要求)
LAYER4_IC	指数函数	第四 σ 水平层中物质 Z 的 IC 浓度(要求)
LAYERX_IC	指数函数	在第 X 个 σ 层中物质 Z 的 IC 浓度(需要)

4. BC_PROFILE:边界条件的垂直分布

BCON 和 ICON 的程序可以从两个不同的输入文件类型生成边界条件。第一个文件类型是一个 ASCII 垂直配置文件,在模型确定的空间列出不同时间阶段的物质浓度,选择编译程序时输入“prof”模块,配置 BCON 生成 ASCII 码的垂直分布的边界条件,这些文件是 ASCII 格式的 BC_PROFILE 文件,必须由用户开发,可产生气候平均值的观测数据,或作为一个区域模式的估测;第二文件类型是从 CMAQ 运行的 ctm_conc_1 浓度文件中获得。

BC_PROFILE 包含注释部分描述数据和文件说明部分,定义了文件中的垂直水平数量,在文件中包含污染物的数量以及垂直水平的分布,在 BC_PROFILE 中记录开始日期和数据的开始时间;BCON 输入文件包含一个 EACH 数据段,以指示数据段描述的水平边界,由四个数据段对应的侧边界(即北、南、东、西)网格输入 BCON 模型。

BC_PROFILE 文件数据段格式与 IC_PROFILE 文件相同。每一行对应不同的污染物名称,每一行后面列出文件中包含的各污染物浓度;BCON 程序将数据进行插值得到正确的列格式。表 4.6 详细描述了提供边界条件的文件格式。

表 4.6 BC_PROFILE 格式描述

名称	类型	描述
Text Header	字符串	文本标题,文本描述的内容和源的初始条件文件(可选)
NUM_Σ_LVL	Int	文件中包含的 σ 水平数(所需)

续表

名称	类型	描述
NUM_POLL	Int	文件中包含的污染物数量(必填)
Σ_LVL	真实的	σ-p 水平垂直坐标值(必填)
…	…	…
STDATE	字符串	朱利安计时法开始日期的文件,yyyyddd(可选)
STTIME	字符串	文件开始时间,HH(可选)
Direction	字符串	北,南,东,西;表示边界数据部分(必填)
SPECIES1	字符串	污染物名称,在双引号里表达(必填)
LAYER1_BC	指数函数	最低 σ 水平层中物质 1 的 BC 浓度(必填)
LAYER2_BC	指数函数	第二 σ 水平层中物质 1 的 BC 浓度(必填)
LAYER3_BC	指数函数	第三 σ 水平层中物质 1 的 BC 浓度(必填)
LAYER4_BC	指数函数	第四 σ 水平层中物质 1 的 BC 浓度(必填)
LAYERX_BC	指数函数	在第 Xσ 水平层中物质 1 的 BC 浓度(必填)
SPECIES2	字符串	污染物名称,在双引号里表达(必填)
LAYER1_BC	指数函数	最低 σ 水平层中物质 2 的 BC 浓度(要求)
LAYER2_BC	指数函数	第二 σ 水平层中物质 2 的 BC 浓度(要求)
LAYER3_BC	指数函数	第三 σ 水平层中物质 2 的 BC 浓度(要求)
LAYER4_BC	指数函数	第四 σ 水平层中物质 2 的 BC 浓度(要求)
LAYERX_BC	指数函数	在第 Xσ 水平层中物质 1 的 BC 浓度(需要)
…	…	…
Direction	字符串	北,南,东,西;指示水平边界所描述的后续数据部分(必填)
SPECIESZ	字符串	污染物名称,在双引号里表达(必填)
LAYER1_BC	指数函数	最低 σ 水平层中物质 Z 的 BC 浓度(必填)
LAYER2_BC	指数函数	第二 σ 水平层中物质 Z 的 BC 浓度(必填)
LAYER3_BC	指数函数	第三 σ 水平层中物质 Z 的 BC 浓度(必填)
LAYER4_BC	指数函数	第四 σ 水平层中物质 Z 的 BC 浓度(必填)
LAYERX_BC	指数函数	第 Xσ 水平层中物质 Z 的 BC 浓度(必填)

5. CTM_CONC_1:CCTM 浓度文件

I/O API grdded3 格式化 CCTM 浓度输出文件，CTM_CONC_1 可以用来创造空间和时间变化的初始条件与边界条件。选择“m3conc”输入模块时，输入的浓度文件必须覆盖时空范围。无论 ICON 还是 BCON，都需要开始日期作为执行标识的第一时间，从输入文件中提取指定的浓度；BCON 也需要从输入文件中提取边界条件的时间步长，初始域和边界条件被提取的嵌套域必须在同一投影上，并且输入在 CCTM 文件中包含的域内。

4.2 CMAQ 模型诊断输出文件和平流输出文件

4.2.1 CCTM 基础输出文件

除了 JPROC(其中创建 ASCII 文件)，所有的程序产生的输出文件，都需要创建 I/O API NetCDF 格式。I/O API 格式的 CMAQ 输出文件是三维的网格及时间步长的元数据描述的二进制文件。除了模型的数据输出，CMAQ 可以产生日志文件，包含各种 CMAQ 处理器的标准输出。

(1) CMAQ 输出日志文件。所有的 CMAQ 处理器产生的标准输出和标准错误执行输出日志文件(CMAQ output log)。例如，一个 BCON 输出标准错误，执行输出日志文件使用下面的命令：

```
run.bcon >& bcon_e1a.log
```

(2) CONC:CCTM 小时瞬时浓度文件。三维 CCTM 小时浓度文件是最常用的参考 CCTM 的输出文件。含气相物质的混合比率(ppmv)和气溶胶浓度与种类($\mu g/m^3$)，CONC 文件包括模型在每小时结束时的瞬时模型物质浓度。物质浓度包括文件(CONC. EXT)目录清单及配置文件的具体种类。

gc_conc. ext 文件列出的气相物质，ae_conc. ext 文件列出的气溶胶相物质，nr_conc 列出不反应(惰性)的物质概念。

(3) CGRID:CCTM 重启文件。在每个模拟周期结束时含气相物质的混合比率(ppmv)和颗粒物浓度($\mu g/m^3$)。

(4) ACONC:CCTM 小时均值浓度文件，包含模型模拟出各物质每小时平均浓度，在每个输出端输出瞬时浓度。

在 CCTM 运行脚本写入 ACONC 文件时，物质设置使用变量 AVG_CONC_

SPCS,用于计算平均浓度的积分;在 CCTM 运行脚本使用的变量 ACONC_BLEV_ELEV,BLEV 对应底层数与最高层号。例如,aconc _ blev _ elev 变量设置为"1～6",它定义了 1～6 层的垂直程度来计算每小时平均浓度。

(5) DRYDEP:CCTM 干沉降小时浓度文件。二维 CCTM 干沉积文件使用累计小时干沉降通量(kg/hm²)。可以从 DDEP. EXT 文件删除调整物质,写入干沉降过程 DRYDEP 输出文件的数量。

(6) WETDEP:CCTM 湿沉降小时浓度文件。二维 CCTM 湿沉降(包括 WETDEP 文件)使用累计每小时湿沉降通量(kg/hm²)。可以从 WDEP. EXT 文件删除调整物质,写入物质使用 WETDEP 输出文件的数量。

(7) AEROVIS:CCTM 小时瞬间能见度文件。

4.2.2　用于诊断 CMAQ 模型的输出辅助文件

(1) AERODIAM:瞬时小时气溶胶直径文件。此诊断文件包含几何平均直径和几何标准偏差对数正态分布模式的信息。

(2) B3GTS_S:生物排放诊断文件。这个可选的二维 CCTM 每小时输出文件包含计算质量单位的生物排放。B3GTS_S 文件将只有在生物排放进行 CCTM 时,产生的 B3GTS_DIAG 变量才是打开的。

(3) IRR:流程分析输出-综合反应率。三维 CCTM 综合反应率(integrated reaction rates,IRR)包含在气相化学模块,有助于预测模型物质输出的小时浓度,对于过程分析域中的每个网格单元,IRR 文件显示每小时的物质浓度变化和过程分析的预处理,PROCAN 用于选择过程分析领域与化学反应过程分析中跟踪的反应。

(4) PA:过程分析输出-综合过程速率文件。显示每小时的物质浓度变化,有助于模型输出每个网格单元的小时浓度条件。对于每个网格单元的过程分析域,MODEL 过程反映水平和垂直对流、化学变化与湿沉降。

(5) RJ:线光解速率输出网格。

(6) SOILOUT。输出在线生物排放的处理是由设置 CTM_BIOGEMIS 为"T"或"Y"来完成的,显示每小时土壤 NO 的排放文件位置和名称。

(7) SSEMIS:海盐排放诊断文件。

(8) WETDEP2:二维 CCTM 湿沉降(包括文件 WETDEP2)模型计算选定物质的每小时累计湿沉降通量(kg/hm²)。

4.2.3 定义网格层、结构域与化学过程

1. 网格坐标系

CMAQ是三维欧拉空气质量模型。水平网格规范(设置 x 和 y 维度)必须是规则的:每个网格单元的水平投影具有相同的分辨率,并且每个像素的边界是同时变化的。相比之下,垂直网格规范(设置 z 维度)不必是规则的,它可以在空间和时间上变化。

在确定了水平和垂直的领域范围后,气象模型必须运行一个横向领域略大于CMAQ的域。

(1) 支持CMAQ的坐标系统。CMAQ和MCIP网格规格是由I/O API网格公约限制的。CMAQ输入的排放清单和气象模型,必须是支持MM5、WRF/ARW的兰勃特投影、极射投影和墨卡托投影,进行平面坐标系统的选择或进行地图投影。

(2) 水平网格。对于一个给定的CMAQ,在运行时设置GRIDDESC和GRID_NAME环境变量,建立可用的水平网格。图4.1为网格单元信息示意图。

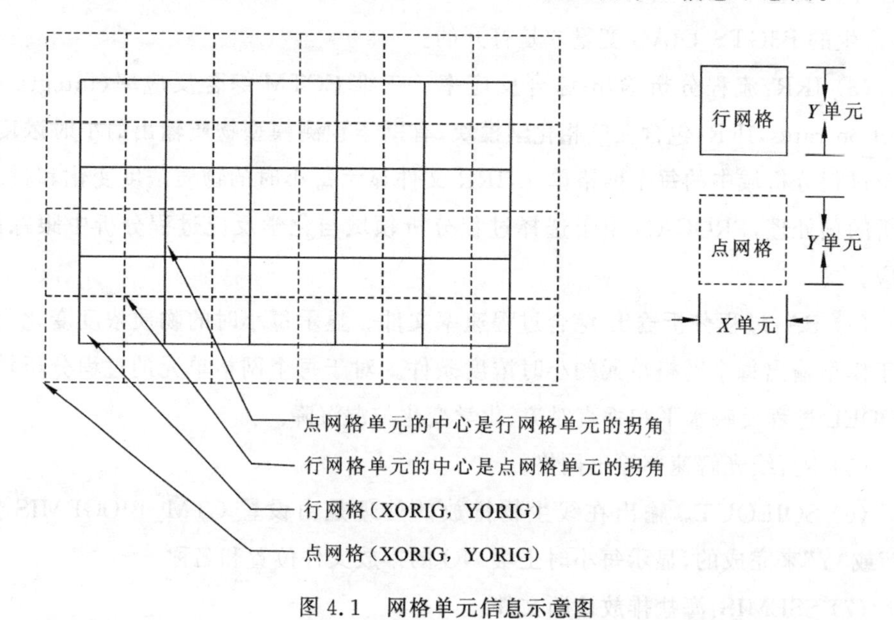

图4.1 网格单元信息示意图

用于CMAQ的水平网格的详细程度是受输入气象领域的大小所限制的,MCIP和I/O API工具可以用于气象数据窗口的子集。选择适当的水平网格的规模、投影、单位和程度。

具体参数的意义如下。

Origin:起源。

在 column=row=1 处的单元格的左下角。

X_ORIG:网格原点的 *X* 坐标(投影单位 in projection units)。

Y_ORIG:网格原点 *Y* 坐标(投影单位)。

X_CELL:平行于 *X* 坐标轴的水平分辨率(投影单位)。

Y_CELL:平行于 *Y* 坐标轴的水平分辨率(投影单位)。

NCOLS 包括:

number of grid columns(网格列数)

dimensionality in the X direction(*X* 方向上的维度)

NROWS 包括:

number of grid rows(网格行数)

dimensionality in the Y direction(*Y* 方向的维数)

(3) 使用预定义的水平网格。CMAQv5 的 GRIDDESC 文件中包含一个覆盖美国东南部使用兰勃特正形圆锥的网格坐标定义,如图 4.2 所示。

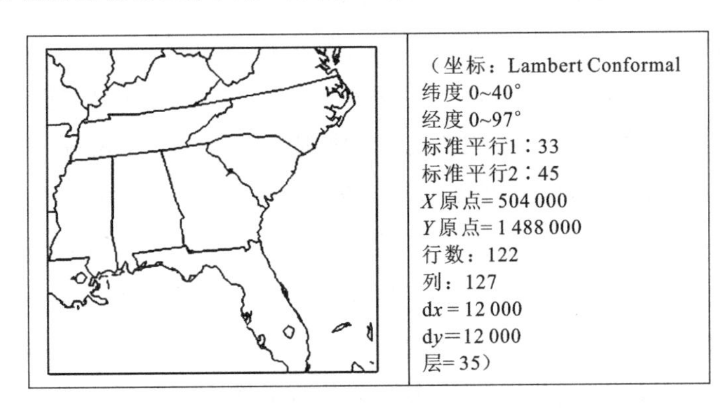

图 4.2　兰勃特坐标信息示意图

(4) 创建或修改水平网格。在 CMAQ 创建网格包括简单地向 GRIDDESC 文件添加几行文字。在运行脚本 GRID_NAME CMAQ 设置环境变量来指向新网格的名字。通过 MCIP 产生 GRIDDESC 文件可以直接输入到 CMAQ 和 SMOKE。如果气象数据已由 MCIP 和 GRIDDESC 文件处理,网格定义输入的气象数据(排放)可以通过使用 NetCDF 与 ncdump 查看一个 I/O API 文件的标题确定,然后使用该信息来手动创建一个 GRIDDESC 文件。

(5) 水平网格的进一步设置信息。水平网格尺寸应不小于 30 行和 30 列。外部边界厚度应设置为"1"。一个 CMAQ 网格应小于其母气象网格至少 4 个网格单元的一侧上,最好是 6。

(6) 垂直分辨率。CCTM 应使用相同的垂直分辨率来为输入数据的气象模型做准备。

2. 化学机理

气相化学机制被定义在 CMAQ 的一系列语言文件中。位于子目录中的 $ M3MODEL/mechs/release directory,CMAQ 程序读入期间,其 SE 文件包括定义的源,反应参数和大气过程(如扩散、沉积、平流)的各种机制物质。物质定义包含在名录文件中。

机制被定义在编译产生的可执行文件中,连接到一个特定的气相机制。为了改变模拟的化学机制,一个新的包含所需机制配置的可执行文件必须被编译。

(1) 使用预定义的化学机制。在选择 CMAQ 一个预定义的配置机制时,构建脚本到一个位于 $ M3MODEL/mechs/release 目录名设置机制。

(2) 创建或修改化学机制。CMAQ 需要创建或修改机制,CHEMMECH 编译器使用 CMAQ 化学机理所需的 Fortran 文件。

要修改现有机制,请将现有机制 INCLUDE 文件目录中包含的 mech. def 文件复制到新目录,并修改相应的机制。将此修改机制的定义文件提供给 CHEMMECH 作为输入数据,以产生编译 CMAQ 所需的机制文件 INCLUDE。需要调用此新机制时,请将 CMAQ 构建脚本中的 Mechanism 变量设置为 $ M3MODEL/mechs/release 即新机制目录的名称,并编译新的可执行文件。

在以 mech. def 文件的形式格式化化学机制之后,将此文件提供给 CHEMMECH,以便为 CMAQ 创建所需的 INCLUDE 文件。要调用 INCLUDE 新机制,请将 CMAQ 构建脚本 $ M3MODEL/mechs/release 中的 Mechanism 变量设置为新机制目录的名称,并编译新的可执行文件。

(3) 使用物质名称列表文件。新的 CMAQv5 物质名称列表文件,定义模型模拟的气体、气溶胶、非反应性和示踪物质的参数。CMAQ 程序在执行期间通过读取 namelist 文件以定义影响每个模型输出物质的模拟浓度的来源与过程。

创建 CMAQ 之前必须创建新的名单文件,包括参与化学反应机制的新物质。

4.3 CMAQ 模型主要文件体系

CMAQ 基本空气质量模型模拟所需的核心程序是 MCIP、ICON、BCON、JPROC 和 CCTM。MM5 或 WRF-ARW 等气象模型,为 CMAQ 和排放模型输入气象网格数据。排放模型将排放清单转换为适合 CMAQ 运行格式的网格小时排放数据。目前,SMOKE 和 CONCEPT 排放模型可用于制定 CMAQ 的排放数据。

CMAQv5 中的排放源包括两个在线选项:用户可以直接在 CCTM 模拟中结合生物源排放或处理点源烟流上升的情形。

4.3.1　BCON 编译及环境参数设置

当编译 BCON 时,用户指定化学机制来配置气相化学过程和气溶胶机制。在 BCON 编译脚本中设置 ModMech 和 Mechanism 变量可配置程序,使用一组特定的 INCLUDE 机制文件来构建可执行文件。在 BCON 编译脚本中设置 ModType 变量将程序配置为输入静态集中的文本文件或与时间有关的浓度的二进制 netCDF 文件,为不同的机制和输入文件配置单独的 BCON 可执行文件。

1. BCON 控制编译选项

在编译 BCON 可执行文件期间可设置下列配置选项,当调用这些选项时,它们将创建一个固定到指定配置的二进制可执行文件。要重新更改这些编译选项,必须重新编译 BCON 并创建一个新的可执行文件。

这里列出 BCON 的配置选项设置可执行文件的编译过程中的选项。

compile_all:所有的目标文件。

clean_up:在编译成功后移除所有源文件。

no_compile:除了编译所做的一切。

no_link:除了链接做的一切。

one_step:编译和链接一步。

parse_only:检查配置文件的语法。

show_only:显示所请求的命令,但不执行。

verbose:显示被执行请求命令的详细说明。

MakeOpt:选择建立一个 makefile 编译的可执行文件。

ModType:默认模块简介,定义 BCON 要使用的 BCON 边界条件的输入文件格式。

m3conc:输入一个 CCTM CONC 结论文件,用于嵌套模拟或窗口的父域。

profile:输入 ASCII 垂直配置文件。

tracer:示踪。

ModMech:默认模块 CB05,定义用于创建边界条件的基础气相机制。

saprc99:1999 版本 SAPRC。

saprc07t:2007 版本 SAPRC,更新甲苯。

Mechanism:默认为 cb05tucl_ae6_aq,指定用于生成边界条件的气相、气溶胶和水相化学机制。该机制的变量选择在 $ M3MODEL/include/release 目录名中。

例如,包括以下几种。

cb05cl_ae5_aq:活性氯化学 CB05 气相机理、第五代 CMAQ 气溶胶与海盐,水/云化学机理。

cb05tucl_ae5_aq:活性氯化学气相甲苯 CB05 更新机理、第五代 CMAQ 气溶胶机理与海盐,水/云化学。

cb05tucl_ae6_aq:活性氯化学气相甲苯 CB05 机制、更新机制、第六代海盐气溶胶机制 CMAQ speciated PM,水/云化学。

cb05tump_ae6_aq:活性氯化学气相甲苯 CB05 机制、更新机制、汞和有毒气体,第六代海盐气溶胶机制 CMAQ speciated PM,AQ 水/云化学;这是 CMAQv5 multipollutant 机制。

saprc99_ae5_aq:SAPRC-99 气相机制、第五代 CMAQ 气溶胶机理与海盐,水/云化学。

saprc99_ae6_aq:SAPRC-99 气相机制、第六代 CMAQ 气溶胶机理与海盐,水/云化学。

saprc07tb_ae6_aq:SAPRC-07 甲苯的更新和第六代气溶胶机制 SAPRC-07 CMAQ 气相机制。

2. BCON 编制

编译 Bldmake,CMAQ 源代码和编译管理程序。配置 BCON 建立脚本使用可用的 I/O API 与 NetCDF 库。配置 BCON 构建脚本的应用程序,调用生成脚本来创建可执行文件". /bldit. bcon"。

3. BCON 的执行选项

在 BCON 运行脚本中设置,在程序执行期间被调用的环境变量有以下几种。

EXEC:默认 BCON_ $ {APPL}_ $ {EXECID}。

EXECID 可用于模拟。变量 CFG 设置在 BCON 运行脚本。变量 execid 设置在 config. cmaq 配置文件。

GRIDDESC:默认 $ M3HOME/scripts/GRIDDESC1,设置水平网格定义描述文件。

GRID_NAME：默认 CMAQ-BENCHMARK，在 GRIDDESC 文件中用于指定当前模型应用的水平网格中的网格定义的名称。

IOAPI_ISPH：默认 19，I/O API 设置更多 setsphere API 文档信息。

IOAPI_OFFSET_64：默认 NO，设置 I/O API 时间步长记录。

LAYER_FILE：默认 none，对于当前的模型应用指定的垂直层次结构名称和一个 MET_CRO_3D 文件位置。

gc_matrix. nml：默认 none，气相物质名单文件。此文件是用来为输出的 BCON 配置气相物质。

ae_matrix. nml：默认 none，气溶胶相物质名单文件，此文件是用来为输出的 BCON 配置气溶胶相物质。

nr_matrix. nml：默认 none，非反应性物质名单文件，此文件是用来为输出的 BCON 配置非反应性物质。

tr_matrix. nml：默认 none，示踪物质名单文件。此文件是用来为输出的 BCON 配置示踪物质。

OUTDIR：默认 $ M3DATA/bcon，输出数据目录。

BC：设置输入文件类型。运行脚本如何设置输入和输出环境变量。

m3conc：用于嵌套模拟；采用可变 CTM_CONC_1 输入 CCTM CONC 结论文件。

DATE：设置要使用的命名嵌套运行 BCON 输出文件的日期。

SDATE：默认 $ {DATE}，从嵌套模拟 CCTM 结论文件提取开始日期边界条件。如果没有设置 SDATE 姓名，它会自动从 CTM_CONC_1 文件中提取。

STIME：默认 000 000，从一个嵌套的模拟 CCTM CONC 文件开始提取边界条件的时间。如果没有设置 STIME，它会自动从 CTM_CONC_1 文件中提取。

RUNLEN：默认 240 000，从一个嵌套模拟 CCTM CONC 文件提取边界条件的小时数。如果没有设置 runlen，它会自动从 CTM_CONC_1 文件中提取。

4.3.2　Calmap 文件配置和环境变量

Calmap 程序使用 MCIP 生成的 GRIDCRO2D 文件来定义模型网格。BELD01 文件指向包含覆盖几种不同作物类别的网格覆盖/土地利用数据的 BELD3“A”文件。

1. Calmap 编译

Calmap 程序是通过 Makefile 进行编译的，Makefile 中的配置选项仅包括用于构建可执行文件的编译器和编译器标志(compiler and compiler flags)。Makefile文件在Calmap源代码的目录下($ M3HOME/calmap/src)。首先找出source config. cmaq文件,然后在命令行中调用Makefile:

```
./make
```

如果要将Calmap程序移动到其他的编译器中,要更改Makefile中的"compiler names""locations"和"flags"。

2. Calmap 执行选项

这里列出的环境变量在调用之前应该在Calmap运行脚本中进行修改。

BASE:默认$ M3HOME/scripts/calmap,是calmap默认的安装位置。

GRID_CRO_2D:默认none,用于定义建模网格目录路径和文件名的GRID_CRO_2D。

BELD01:默认none,该BELD3 "A"文件在建模领域定义网格的土地覆盖/土地使用文件路径和名称;也与CCTM用于计算粉尘排放量的文件(DUST_LU_1)相同。

CROPMAP01-08:默认none,输出calmap的目录路径和文件名(有CROPMAP01、CROPMAP04和CROPMAP08),计算CCTM使用的唯一文件。

4.3.3 CCTM文件配置和环境变量

CCTM可以对模拟传输、化学过程和沉降过程进行科学配置,在编译可执行文件(execution)时进行设置,也可以编译设置模型网格与垂直层结构等可执行文件。

通过配置CCTM的编译选项时会调用在线排放源和光解速率的功能,当CCTM用于在线排放量计算时,会在执行程序时需要输入一系列附加的文件与环境变量;在线光解模块不需要任何额外的输入条件,因为CCTM内部模型的在线仪器化版本内部包括所有光解速率数据。

1. CCTM 编译选项

下面列出的配置选项主要是在编译CCTM可执行文件期间设置,当调用这些选项时,它们将创建一个固定到指定配置的二进制可执行文件,要更改这些选项,必须重新编译CCTM并创建一个新的可执行文件。

Opt:默认verbose,定义从CVS提取源代码并编译可执行文件时,模型构建器程序要采取的操作。

MakeOpt:取消注释构建一个Makefile来编译可执行文件。

ParOpt:取消注释,可在多个处理器上运行构建的可执行文件,调用此命令需要并行STENEX库文件、PARIO库文件和MPI库/INCLUDE文件。

ModDriver:默认ctm_wrf,CCTM广义坐标驱动模块。

ctm_wrf:使用基于WRF的方案,使用WRF气象时选择此选项。

ModGrid:默认笛卡儿坐标系。

ModInit:默认init_yamo,CCTM初始化时间模块。

ModAdjc:默认Yamartino选项,利用质量守恒调整方案误差,由输入的气象文件校正如何处理密度场和风场引起的质量不一致性。只有选择了基于空气密度的质量守恒对流方案时,才需要进行此调整。

ModCpl:默认gencoor_wrf。

gencoor_wrf:兼容WRF-based平流方案的耦合方案。

ModHadv:默认hyamo,在CMAQv5水平平流模块mass-conserving方案。

ModVadv:默认vwrf。

vwrf:利用WRF分段抛物线方法计算垂直平流,只有WRF使用这个模块。

ModHdiff:默认multiscale,CMAQ5是水平扩散模块中唯一的多尺度选项,它基于局域风变的扩散系数。

ModVdiff:默认acm2,acm2是非对称对流模型。

ModDepv:默认m3dry,沉积速率计算模块。

ModEmis:默认emis,CMAQ排放模块。

ModBiog:默认beis3。

ModPlmrs:默认smoke。

cgrid_spcs_nml:用于配置CMAQ模型的物质名称列表文件。

cgrid_specs_icl:包含用于配置CMAQ模型物质的Fortran文件。

phot_table:计算晴空光解率,使用CMAQ程序JPROC,提供每日的光解速率CCTM查找表。

phot_inline:在线使用模拟气溶胶和臭氧浓度,计算光解率。

ebi_cb05cl:使用欧拉后向迭代解算器优化氯碳Bond-05机制。

ebi_cb05tucl:使用欧拉后向迭代解算器优化碳Bond-05和氯甲苯化学更新机制。

ebi_cb05tump:使用欧拉后向迭代解算器优化碳Bond-05、甲苯化学和空气有毒物质的更新机制。

ebi_saprc99:使用欧拉后向迭代解算器优化saprc-99机制。

ModAero：默认 aero6。

ModCloud：默认 cloud_acm_ae6，CMAQ 云模块用来模拟云在沉降、混合、光解和气象化学方面的影响。

ModPa：默认 pa(过程分析模块)。

ModUtil：默认 util，只有在模块级别配置选项的机制。

PABase＝＄GlobInc，编译 CCTM 时使用过程分析指定的根目录位置所包含的文件。

PAOpt：默认 pa_noop，指定用于 CMAQ 过程分析的配置，包括 PAOpt 变量的文件目录。

2. CCTM 编译

首先确保 I/O API、netCDF 和 MPICH 库已经安装好，使用 I/O API、netCDF 和 MPICH 库来配置 CCTM 的 build script，调用 build script 创建一个可执行文件：

```
./bldit.cctm
```

3. CCTM 执行选项

在可执行程序期间调用并设置在 CCTM 的 run script 脚本中的环境变量。

EXEC：默认 CCTM_＄APPL_＄EXECID，用于模拟的可执行文件。

NPCOL_NPROW：默认 11，域分解并行模式，推荐配置列数大于行数。

NPROCS：默认 1，并行执行的处理器数量，等于 NPCOL×NPROW 的产物。

STDATE：模拟开始日期格式（YYYYDDD)。

STTIME：模拟开始时间(HHMMSS)。

NSTEPS：默认 240000，模拟的时间步长(HHMMSS)。

TSTEP：默认 010000，模拟输出时间步长间隔(HHMMSS)。

LOGFILE：默认＄BASE/＄APPL.log，取消注释捕获 CCTM 标准输出日志文件，日志文件变量集日志的名称和位置。

IOAPI_LOG_WRITE：默认 F。

FL_ERR_STOP：默认 F(有 T|F|Y|N4 类，当选项为 T 或者 Y 时，如果在输入文件中发现首文件不一致时会退出配置程序)。

DISP：默认 keep。

OUTDIR：默认＄M3DATA/cctm</nowiki>。

CTM_APPL：默认＄APPL。

GRIDDESC:默认 $ M3HOME/scripts/GRIDDESC1。

GRID_NAME:默认 CMAQ-BENCHMARK,包含在 GRIDDESC 文件中定义的网格名称,指定当前模型应用程序的水平网格。

AVG_CONC_SPCS:用于计算每个输出时间步长模式物质的积分平均浓度,定义选项可以是写入 CCTM CONC 文件的任何标准输出种类。此列表中的种类将写入 ACONC 输出文件。

ACONC_BLEV_ELEV:默认 if not defined,该变量主要设置整合平均浓度的模型垂直层高度范围,这个变量集的上下分层计算积分平均浓度,例如,这个变量设置为"1～ 5"会产生积分平均浓度模型层 1～5。

ACONC_END_TIME:默认 N|F,将 ACONC 输出文件时间步长的时间从默认的小时开始值更改为小时结束值。设置为 Y 或 T 设置时间的小时数或一组 N 或 F 设置开始时间的小时数。

CONC_SPCS:默认 if not defined,all species,模型物质被写入 CCTM 浓缩的文件。

CTM_MAXSYNC:默认 720,最大同步时间步长(以 s 为单位)。

CTM_MINSYNC:默认 60。

CLD_DIAG:默认 N|F,设置输出每小时湿沉积诊断文件 CTM_WET_DEP_2,文件包括对流湿沉积估计,设置为 Y 或 T 打开注释变量或设置为 N 或 F 关掉。

CTM_AERDIAG:默认 N|F,输出具有几何平均直径和对数正态气溶胶模式的几何标准偏差的瞬时气溶胶诊断文件(CTM_DIAM_1),设置为 N 或 F 关掉(设置为 Y 或 T 打开)注释变量。

CTM_SSEMDIAG:默认 N|F,设置将计算的海盐排放物输出到诊断 netCDF 输出文件(CTM_SSEMIS_1)中,设置为 Y 或 T 打开(设置为 N 或 F 关掉)注释变量。

CTM_PHOTDIAG:默认 N|F,设置在线光解速率及其关联数据输出到诊断 netCDF 输出文件中,文件 CTM_RJ_1 包含网格 O_3 的光解率(JO3O1D)和 NO_2(JNO2)、晴空和云的影响,在表面处的总辐照度 ETOT_SFC_W、光学厚度 TAU_AERO_W 和地表反射率 ALBEDO_W。CTM_RJ_2 包含网格光解率或光解反应所选定的化学机制,设置为 Y 或 T 打开(设置为 N 或 F 关掉)。

CTM_WB_DUST:默认 Y|T,设置在 CCTM 中计算在线风吹尘排放。

CTM_ERODE_AGLAND:默认 N|F,设置选择可侵蚀农业用地类型,从而计算来自农业用地的风吹尘排放,要求描述种植开始日期和种植结束日期,如果设置为 N 或 F CTM_WB_DUST,该设置将被忽略,设置 Y 或 T 为打开(设置 N 或 F

为关掉)。

CTM_DUSTEM_DIAG:默认 N|F,设置在线扬尘输出文件(CTM_DUST_EMIS_1),诊断文件不仅包括总粉尘排放,而且包括灰尘排放量、土地使用类别、尘埃模型参数和网格化土地利用分数,设置 Y 或 T 为打开(设置 N 或 F 为关掉)。

CTM_LTNG_NO:默认 N|F,该变量设置为 Y 或 T 时,需要额外的变量来定义 lightning NO 排放计算的配置,设置 Y 或 T 为打开(设置 N 或 F 为关掉)。

LTNGNO:设置 lightning 排放是在线计算还是离线计算,这个变量可以设置为一个网格 netCDF 文件的闪电数量的排放,使用 CCTM 外的预处理器来计算排放量。

LTNGPARAM:默认为 Y|T。

设置这个变量 N 或 F,从对流降水率输入气象数据中严格计算闪电数量,当这个变量设置为 Y 或 T 时,将需要闪电一个额外的输入参数文件。

LTNGDIAG:默认 N|F。

设置在线计算 lightning NO 排放输出到可诊断的 netCDF 输出文件,包括网格的诊断文件,每小时闪电产生的平均数量,设置 Y 或 T 为打开注释变量,设置 N 或 F 为关掉。

CTM_WVEL:默认 N|F。

设置 CCTM 计算的输出速率输出到 CONC 文件,设置 Y 或 T 为打开注释变量,设置 N 或 F 为关掉。

KZMIN:默认 Y。

如果 KZMIN 设置为 Y,CCTM 会读取每个网格单元城市土地使用一部分变量并且使用此信息来确定最低涡流扩散系数,如果这个变量设置为 N,PURB 变量不会被使用。

CTM_ILDEPV:默认 Y|T。

计算同轴的沉积速度,注释变量或设置 Y 或 T 为打开,设置 N 或 F 为关掉。

Generate an hourly diagnostic file(CTM_DEPV_DIAG):每小时生成一个沉积速度的计算诊断文件,如果 CTM_ILDEPV 设置为 N 或 F,这个变量将被忽略,设置 Y 或 T 为打开注释(设置 N 或 F 为关闭)。

CTM_BIOGEMIS:默认 Y|T,计算生物排放,设置 Y 或 T 为打开注释(设置 N 或 F 为关闭)。

B3GRD:标准网格的生物排放输入文件的路径和文件名。

BIOSW_YN:默认 Y|T,使用霜冻日期切换文件来确定是否使用冬季或夏季生物排放,设置 Y 或 T 为打开注释(设置 N 或 F 为关闭)。

BIOSEASON:转换霜冻日期文件目录的路径和文件名。

SUMMER_YN:默认 Y|T 在夏季使用标准化的生物排放,如果 BIOSW_YN 设置为 Y,那么就忽略这个变量,设置 Y 或 T 为打开注释(设置 N 或 F 为关闭)。

B3GTS_DIAG:默认 N|F,设置为诊断 netCDF 输出文件 B3GTS_S,计算过的生物排放(质量),设置 Y 或 T 为打开注释(设置 N 或 F 为关闭)。

B3GTS_S:诊断输出生物排放的路径和文件。

INITIAL_RUN:设置为 Y 或 T,如果这是第一次创建的话,生物排放数量将被计算,如果这是以前创建的文件,设置为 N 或者 F。

PX_VERSION:默认 N|F,设置要表明 Pleim-Xiu 陆地表面模型是否是用于输入气象的,如果设置为 Y 或 T 的话,输入气象数据必须包括用于计算土壤没有排放土壤水分、土壤温度和土壤类型的变量。

CTM_PT3DEMIS:默认 N|F,计算升高的点源的羽流上升。设置 Y 或 T 为打开注释(设置 N 或 F 为关闭)。

LAYP_STDATE [HHMMSS]计算高点源排放物的开始时间。

LAYP_STTIME [HHMMSS]计算高点源排放物的启动时间。

CTM _EMLAYS [##]计算高点源排放层的数量。

PT3DDIAG:默认 N,为设置在线三维点源排放的 netCDF 诊断输出文件(CTM_PT3D_DIAG),设置 Y 或 T 为打开注释(设置 N 或 F 为关闭)。

PT3DFRAC:默认 N,设置在线三维点源层数 (PLAY_SRCID_NAME),设置 Y 或 T 为打开注释(设置 N 或 F 为关闭)。

INIT_[GASC|AERO|NONR|TRAC]_1:由 ICON 所产生的非反应性物质和示踪剂的输入初始条件文件的路径与文件名。

$INIT_MEDC_1:关于双向表面交换模型的输入的初始状态的路径与文件名称。

BNDY_[GASC|AERO|NONR|TRAC]_1:由 ICON 所产生的非反应性物质和示踪剂的输入边界条件文件的路径与文件名。

4.3.4　CHEMMECH 和 CSV2NML 文件配置及环境变量

CMAQ 需要的 CHEMMECH、CSV2NML 程序。

CHEMMECH 程序,运行 mechanism definition 文件 mech. def,并以之作为输入文件。CHEMMECH 程序生成 RXDT. EXT 和 RXCM. EXT INCLUDE 文件,这些文件输入到 CMAQ build scripts 用来编译和配置新的化学机制。

CSV2NML 程序将物质定义文件转换成 CVS 格式的 NAMELIST 文件,该文件作为CMAQ模型中ICON、BCON、CCTM模块的输入文件，这一过程会对模式中的每一个物质产生影响。

为了在CMAQ里实施一个新机制，从这个模型中现有机制的机制定义(mech. def)文件和CSV物质文件开始。编辑mech. def文件来包含新的反应物质与反应速率，并提供这个新的mech. def文件作为CHEMMECH的输入文件。

1. CHEMMECH编译

CHEMMECH由一个Makefile来编译。Makefile中的配置选项只包括用来建立可执行文件的编辑器和编辑器的ICON。Makefile位于CHEMMECH的源代码目录。为了编译CHEMMECH，在命令行调用Makefile：

```
./make
```

将CHEMMECH连接到不同的编辑器，在Makefile里改变编辑器的名称与ICON。

2. CHEMMECH的执行选项

这里列出的环境变量是在程序执行期间调用并且设置在CHEMMECH的运行脚本中。默认的运行脚本被称为MP. saprc99. csh.

BASE：默认$cwd，工作目录路径。

Xpath：默认$BASE，可执行文件的目录路径。

Mpath：默认/mech，mech. def文件的目录路径。

Opath：默认/exts，输出文件的目录路径。

EXEC：默认CHEMMECH，可执行文件名称。

MCFL：默认mech. def. saprc99，定义机制文件名称。

SPCSDATX：默认$Opath/SPECIES. ext，输出种类的INCLUDE文件名称。

RXNSDATX：默认$Opath/RXDT. ext，输出机制数据的INCLUDE文件名称。

RXNSCOMX：默认$Opath/RXCM. ext，常见输出机制的INCLUDE文件名称。

3. CSV2NML的使用

CSV2NML脚本配置为从命令行读取CSV文件和输出NAMELIST文件，可以使用CMAQ 。举一个使用CSV2NML创造一个气相物质NAMELIST文件的例子，包括以下内容：

```
./csv2nml.csh GC.CSV
```

4.3.5　ICON 文件配置和环境变量

根据输入数据的性质，对 ICON 有两种不同的操作方式。当创建 ICON 执行文件时，必须指定输入的数据是 ASCII vertical profiles 还是 CONC file，这可以在 ModInpt 变量中通过分别设置“profile” 或 “m3conc”选项来实现。该变量可以决定在创建 ICON 可执行文件时的输入模块。

在 ICON 编译脚本中，设置 ModMech 化学机制变量来配置程序使用一组指定机制 INCLUDE 文件来创建可执行文件。每个化学机制配置需要单独的 ICON 可执行文件。在 ICON 编译脚本中通过设置 ModType 环境变量为 CCTM 程序估算 ICs 配置输入数据，该数据既可以是静态浓度的文本文件，也可以是与时间浓度相关的二进制 netCDF 文件。对于单一的 ICON 可执行文件必须准备不同的化学机制和配置输入文件。

在执行程序时，用户在预定义模型网格上提供 ICON 转换为 ICs 的化学条件的数据文件。通过 ICON run script 中 ModInpt 环境变量的详细规范，ICON 既可以输入 ASCII vertical profile file (IC_PROFILE)，也可以输入现有的 CCTM 浓度文件(CTM_CONC_1)，用户提供的 IC 输入文件必须有化学种类并且与配置 ICON 可执行文件的化学机制保持一致。用户也可以为 IC 输入数据配置其他的化学机制。

1. ICON 编译选项

在配置 ICON 可执行文件期间设置。当这些选项被调用时，它们会插入相应的二进制可执行文件，这些文件可以固定为指定的配置。若想改变这些配置，用户必须重新编译 ICON 并创建一个新的可执行文件。

Opt：默认 verbose，从 CVS 提取源代码和编译可执行文件时定义这些模型构建器项目的活动。

compile_all：强制编辑，即使所有对象文件都是最新的。

clean_up：编译成功后删除所有的源文件。

no_compile：做除了编译以外的所有事。

no_link：做除了链接以外的所有事。

one_step：一步完成编译和链接。

parse_only：检查配置文件语法。

show_only：显示请求的命令，但不执行它们。

verbose：显示请求命令并执行。

MakeOpt 取消备注建立一个 Makefile 编译可执行文件。

ModType：默认 profile，定义由 ICON 使用的初始条件输入文件的格式。

m3conc：输入一个 CCTM CONC 文件；用于嵌套模拟或父域的窗口。

profile：输入一个 ASCII 垂直简介文件。

ModMech：默认 cb05，定义用于创建边界条件的基础气相机制。

Mechanism：默认 cb05tucl_ae6_aq 指定气相、气溶胶和水相化学机制产生初始条件。机制变量的选择是在 $ M3MODEL/include/release 目录下的机制目录名称。

2. ICON 编译

在编译 ICON 之前，首先确认已经安装并编译了 I/O API 和 netCDF 库，或者利用这些库编译过以前版本的 CMAQ。

编译 STENEX 库，设定 ICON 建立脚本，调用生成脚本来创建可执行文件：

```
./bldit.icon
```

3. ICON 执行选项

以下配置选项在创建可执行程序的时候调用，并在 ICON 运行脚本中设置。

EXEC：默认 ICON_ $ {APPL}_ $ {EXECID}，用于模拟的可执行文件。变量 CFG 设置在 ICON 的运行脚本中，变量 EXECID 设置在 config. cmaq 配置文件中。

GRIDDESC：默认 $ M3HOME/scripts/GRIDDESC1 用于设置水平网格定义的网格描述文件。

GRID_NAME：默认 CMAQ-BENCHMARK 网格定义的名称包含在 GRIDDESC 文件中指定当前应用模型的水平网格。

IOAPI_ISPH：默认 19。I/O API 设置为球形。

IOAPI_OFFSET_64：默认 NO。如果产生数据的输出时间单位>2GB，需要设置成 YES。

LAYER_FILE：默认 none，指定对于当前应用的模型的垂直层次结构 MET_CRO_3D 文件的名称和位置。

gc_matrix. nml：默认 none，气相物质名称文件。这个文件被用于配置气相物质，将由 ICON 输出。

ae_matrix. nml：默认 none，气溶胶相物质名称文件。这个文件被用于配置气溶胶相物质，将由 ICON 输出。

nr_matrix. nml：默认 none，非反应性物质名称文件。这个文件被用于配置非反应性物质，将由 ICON 输出。

tr_matrix. nml：默认 none，示踪物质名称文件。这个文件被用于配置示踪物质，将由 ICON 输出。

OUTDIR：默认 $ M3DATA/icon，输出数据目录。

IC：设置输入文件类型。此变量的设置决定运行脚本将如何设置输入和输出的环境变量。

profile：设置输出文件的名称。

m3conc：用于嵌套模拟，设置包含开始日期输出文件名称；使用变量 CTM_CONC_1 指向一个 CCTM CONC 文件输入到 ICON。

DATE：用 ICON 命名输出文件，设置日期进行嵌套运行。

SDATE：默认 $ {DATE}。如果 SDATE 没有设置，ICON 将使用的 CTM_CONC_1 文件的第一个小时。

STIME：默认 000 000。如果 SDATE 没有设置，ICON 将使用的 CTM_CONC_1 文件的第一个小时。

4.3.6 JPROC 文件配置和环境变量

如果 CCTM 在编译过程中将 ModPhot 环境变量设置为 phot_，JPROC 将会生成每日光解速率的查询表。编译 JPROC 程序时，用户可以指定化学机制来表明计算光解速率的气象化学机制。

1. JPROC 编译选项

以下配置选项只在 JPROC 执行编译过程中使用。当调用这些配置选项时，这些选项会创建一个二进制文件的可执行文件用来固定指定的配置。要想改变这些配置选项必须重新编译 JPROC 程序并创建一个新的可执行文件。

Opt：默认 verbose，当从 CVS 和编译可执行文件提取源代码时定义模型构建器项目的活动。

compile_all：强制编译，使所有对象文件都是最新的。

clean_up：编译成功后删除所有源文件。

no_compile：做除了编译以外的所有事。

no_link：做除了链接以外的所有事。

one_step:一步完成编译和链接。

parse_only:检查配置文件语法。

show_only:显示请求的指令,但不执行它们。

verbose:显示请求命令并执行。

MakeOpt:取消备注建立一个 Makefile 编译的可执行文件。

Mechanism:默认 cb05tucl_ae6_aq 指定气相、气溶胶和水相化学机制来创建光解速率。机制变量的选择是在 $M3MODEL/include/release 目录下的机制目录名称。

2. JPROC 编译

在编译之前,假设已经安装编译了 I/O API 和 netCDF 库或者已经安装与编译了以前版本的 CMAQ。

第一次安装 CMAQ 时,需要编译模型构建器、CMAQ 源代码和编译管理程序。

设定 JPROC 建立脚本使用可用的 I/O API 和 netCDF 库,设定 JPROC 建立脚本。

调用生成脚本来创建可执行文件:

```
./bldit.jproc
```

3. JPROC 执行选项

以下环境变量在 JPROC 程序执行时调用并且在 JPROC 运行脚本中进行设置。

EXEC:默认 JPROC_${CFG}。

Execu 表用于模拟可执行文件。

4.3.7 LTNG_2D_DATA 文件配置和环境变量

LTNG_2D_DATA 程序与 CCTM 一致,为在线估测 lightning NO 排放准备输入参数文件。统计数据包 R 作为预处理程序,为 LTNG_2D_DATA 程序准备以下输入文件:

```
a land/ocean mask file
a file with ratios of intercloud to cloud-to-ground flashes
LTNG_2D_DATA reads those input files,plus
AMET_CRO_2D file from MCIP
```

预处理 Fortran 程序 NLDN_2D 输入 NLDN 闪频数据文本文件和 MET_CRO_2D 文件,并输出 I/O API netCDF 文件作为 LTNG_2D_DAT 程序的输入文件。

1. LTNG_2D_DATA 编译选项

所有 LTNG_2D_DATA 和 NLDN_2D 的模型配置选项都是在执行过程中设置的。系统的编译器选项必须设置在 Linux Makefile 不同的操作系统和编译器组合构建的程序中。编译器路径、标志和库的位置都是在默认情况下提供的。

2. LTNG_2D_DATA 执行选项

下列环境变量是从执行程序的过程中提取的，并设置在 LTNG_2D_DATA 运行脚本中。

CREATE_OCEANMASK：默认 Y，设置运行 R 脚本，生成用于建模领域的 ocean mask 文件。这个时间上独立的文件只需要在每个建模领域生成一次。

CREATE_FLASHRATIOS：默认 Y，设置运行 R 脚本，生成用于建模领域的闪存比率文件。这个时间上独立的文件只需要在每个建模领域生成一次。

CREATE_NLDN2DDATA：默认 Y，设置运行 LTNG_2D_DATA 程序来准备每个月的闪存文件输入到 CCTM 中。

CREATE_PLOTS：默认 Y，设置运行 R 脚本，在 LTNG_2D_DATA 输出文件中生成闪电 NOx 变量。

BASE：默认 $ cwd。

RScript：默认 $ BASE/R-scripts 用于支持 LTNG_2D_DATA 的 R 脚本安装基础目录。

OUTDIR：默认 $ M3DATA /lnox，LTNG_2D_DATA 输出文件的目录。

METFILE：默认 none，包含每小时对流降水量和云顶高度的气象数据文件。这个文件可以是 MCIP 输出文件 MET_CRO_2D 或提取出来的只包含这两个变量的文件。

OCEANMASKIMG：默认 $ BASE/R-out/ocean_mask. png。

NLDNFILE：默认 none，只有 CREATE_NLDN2DDDATA =Y 时，每月的闪存密度文件输出是从 NLDN_2D 网格到与 METFILE 相同的建模领域。

4.3.8 MCIP 文件配置和环境变量

MCIP 程序可以提取输入气象文件的时间与空间子集，运行脚本允许用户指定 MCIP 模拟的开始和结束日期/时间；但是这些日期/时间可以在输入气象时间段的范围内进行任意修改，但必须与气象文件的时间尺度一致。

1. MCIP编译选项

MCIP所有模型的配置选项都是在执行期间设置的。系统编译器选项必须设置在提供的Linux Makefile中来建立一个不同的执行系统/编译器组合的程序。例如，编译器路径、ICON和库位置都有默认的Makefile提供。

2. MCIP编译

按如下步骤编制MCIP新版本。

为当前操作系统/编译器组合配置Makefile。注释出不适用于当前系统的配置。忽略最接近当前系统的配置，在编译器路径、I/O API的位置和当前系统NetCDF的位置做出必要的改变。

调用Makefile创建一个包含Makefile和MCIP的源代码的目录，通过输入以下指令得到的可执行文件：

```
./make
```

3. MCIP执行选项

以下环境变量在MCIP程序执行时调用并在MCIP运行脚本中进行相关环境变量的设置。

APPL：应用程序名称；用于文件命名的方案ID。

CoordName：MCIP输出网格的协调系统名称被输入到GRIDDESC文件。

GridName：MCIP输出文件网格的模型网格名称被输入到GRIDDESC文件。

DataPath：输入/输出数据的目录路径。

InMetDir：输入数据的目录路径包含MM5或WRF ARW输出数据文件。

InTerDir：输入数据目录路径包含MM5 TERRAIN文件；与WRF ARW不兼容。

InSatDir：输入数据目录路径包含GOES卫星文件。

OutDir：默认$M3DATA/mcip MCIP输出数据目录路径。

ProgDir：默认$cwd工作目录包含MCIP的可执行文件。

WorkDir：Fortran链接和名单文件的临时工作目录。

InMetFiles：输入的气象文件列表包括每个文件的目录路径；不用修改MCIP，多达300个气象模型输出的文件就可以输入到一个MCIP执行指令中。

InSatFiles：输入的GOES卫星云数据文件的列表。

IfTer：默认T二进制标志表示输入的MM5TERRAIN文件的可用性；选项包含T(可用)或F(不可用)。

InTerFile:输入的 MM5 TERRAIN 文件的名称和位置。

LPV:确定 MCIP 是否计算和输出位势涡度(默认 0)。

0:不计算和输出位势涡度。

1:计算和输出位势涡度。

LWOUT:默认 0,确定 MCIP 是否输出位势涡度(0 代表不输出)。

LUVCOUT:默认 0,确定 MCIP 是否在 C-grid 上输出 u- and v-component 窗口(0 代表否)。

LSAT:默认 0,确定卫星云图是否会取代在云上的 model-derived 输入(0 代表不可获取卫星数据)。

MCIP_START:格式为 YYYY-MM-DD-HH:MM:SS.SSSS,输出数据开始的日期和来自 MCIP 的时间。开始的日期与时间必须包含在 MM5 或 WRF-ARW 的输入数据里。

MCIP_END:格式为 YYYY-MM-DD-HH:MM:SS.SSSS,输出数据结束的日期和来自 MCIP 的时间。结束的日期与时间必须包含在 MM5 或 WRF-ARW 的输入数据里。

INTVL:默认输出间隔为 60 min。此设置确定每个输出时间步骤中包含的模型时间的量。对于 MCIP 的输出间隔可以没有输入的气象模型输出频繁。

CTMLAYS:默认−1,在三维 MCIP 输出的垂直层 σ 值。每个 σ 值的逗号分隔值必须以降序排列,从 1 开始,以 0 结尾,最多允许有 100 层。

MKGRID:默认 T,确定是否输出静态(网格)气象文件。

BTRIM:默认 5,删除的每个域的四个横边 MCIP 边界点的数量。设置 BTRIM=0 将确定输入气象域的最大范围。删除 MM5 或 WRF-ARW 侧边界,设置 BTRIM=5 (推荐)。

对于窗口的输入是气象的一个子集域,设置 BTRIM=1;此设置的原因是 BTRIM,将被 X0、Y0、NCOLS 和 NROWS 提供的信息所取代。

X0:如果 BTRIM=−1,全部 MCIP 交叉点域左下角的横坐标(包含 MCIP 的侧边界)都基于输入 MM5 或 WRF-ARW 域。X0 代表东西方向。

Y0:如果 BTRIM=−1,全部 MCIP 交叉点域左下角的纵坐标(包含 MCIP 的侧边界)都基于输入 MM5 或 WRF-ARW 域。Y0 代表南北方向。

NCOLS:在 BTRIM=−1,输出 MCIP 域的列数(不含 MCIP 侧边界)。

NROWS:在 BTRIM=−1,输出 MCIP 域的行数(不含 MCIP 侧边界)。

LPRT_COL:默认 0,在 MCIP 建模领域的诊断输出列单元格的坐标。

LPRT_ROW:默认 0,在 MCIP 建模领域的诊断输出行单元格的坐标。

WRF_LC_REF_LAT：默认－999。

WRF Lambert Conformal 参考纬度。使用这个设置在输出 MCIP 数据中加强参考纬度。如果没有设置，MCIP 将使用两个真实纬度平均值。此设置用于匹配 WRF 网格和现有的 MM5 网格模式。

4.3.9　PARIO 文件配置和环境变量

除了配置建立当前系统的脚本（例如，编译器和库的位置），PARIO 不需要编译任何配置。

完成安装，编译了 I/O API 和 netCDF 库，配置 PARIO 建立脚本来使用可见的 I/O API 和 MPICH 库，调用建立的脚本来创建一个可执行文件. /bldit. pario。

4.3.10　PROCAN 文件配置和环境变量

在 CMAQ 模型系统中有两种过程分析的方法来获取 CCTM 模拟的数据，分别是：IPRs(integrated process rates)和 IRRs(integrated reaction rates)。IPRs 给出了各个物理过程的贡献和化学反应对总体模型浓度的网络效应，IPRs 分析方法可用于确定水平传输、垂直传输、化学和排放对特定网格单元中预测的每小时臭氧浓度的定量贡献率。IRRs 可以用于计算对于特定网格单元和时间段的光化学机制中的特定反应序列的质量通量。

1. PROCAN 编译选项

这里列出的配置选项是在 PROCAN 编译的过程中设置的。当调用这些选项时，它们会创建一个二进制的可执行文件，该可执行文件被安装到指定的配置中。要更改这些选项，有必要重新编译 PROCAN 并创建一个新的可执行文件。

Opt：默认 verbose，从 CVS 和编译可执行文件提取源代码时定义模型构建器程序的活动。

compile_all：强制编译，使所有对象文件都是最新的。

clean_up：编译成功后删除所有的源文件。

no_compile：做除了编译以外的所有事。

no_link：做除了链接以外的所有事。

one_step：一步完成编译和链接。

parse_only：检查配置文件语法。

show_only：显示请求的命令，但不执行它们。

verbose：显示请求命令并执行。

MakeOpt：取消备注建立一个 Makefile 编译可执行文件。

Mechanism：默认 cb05tucl_ae6_aq 指定气相、气溶胶和水相的化学机制来创建光解速率。Mechanism 变量的选择是在 $ M3MODEL/include/release 目录下的机制目录名称。

2. PROCAN 编译

安装完成并编译了 I/O API 和 netCDF 库，配置 PROCAN 建立脚本来使用可见的 I/O API 和 MPICH 库，调用建立的脚本来创建一个可执行文件：

```
./bldit.procan
```

3. PROCAN 配置

PROCAN 的配置是通过指令文件 PACP_INFILE 实施的。

4. PROCAN 执行选项

环境变量列表是在程序执行期间调用的，设置在 PROCAN 运行脚本中。

EXEC：默认 PACP_ $ {CFG}用于模拟的可执行文件。

PACP_INFILE：默认 $ M3DATA/procan/pacp. inp 设置过程分析配置的 PROCAN 控制文件。

4.3.11 STENEX 文件配置和环境变量

除了系统配置的建立脚本（例如，编译器和库的位置），STENEX 的编译不需要任何配置。

安装完成并编译了 I/O API 和 netCDF 库，使用可见的 I/O API 和 MPICH 库来配置 STENEX 构建脚本。调用单处理器构建脚本来创建连续的可执行文件. /bldit. se_noop。调用多处理器构建脚本来创建连续的可执行文件. /bldit. se. Linux。

第5章　多尺度空气质量模型WRF-CMAQ主要模块的配置及其环境变量设置——以武汉市区域模拟为例

5.1　排放源清单的构建

5.1.1　前处理

安装和配置 MeteoInfoLab 和 MeteoInfo 软件包，为编译和集成排放源文件提供制作平台。

采用美国国家环境预报中心全球气象场分析资料数据与美国国家海洋和大气管理局全球海面温度场资料数据，作为 WRF 模型运行的输入气象数据资料。

获取模拟时间内驱动 WRF 模型运行的地形数据资料、MODIS 中分辨率成像光谱仪地表类型数据和地面高程数据，作为地表利用类型数据。

对 2012MEIC 排放源（清华大学张强研究团队制作）清单文件进行的预处理，将 ASCII 格式文件转换为 NetCDF 格式文件，为区域排放源清单制作提供初始排放源文件。

5.1.2　参数设置

根据研究区域地理位置和评估范围的差异设定不同的评估区域，并对气象输入数据与地形输入数据进行预处理，从而获得与 WRF 模型设定网格分布一致的输入数据，水平方向上使用兰勃特投影方式，设定为两层嵌套网格，水平网格距分别为 27 km、9 km，在垂直方向上采用阶梯地形垂直坐标（eta 坐标），共分为 16 层。

设置 WRF 模型中具有较大影响的不同参数化方案组合，包括辐射过程方案、近地面层方案、路面过程方案、边界层过程方案、微物理过程方案、积云参数化方案、气象化学方案和气溶胶化学方案。其中辐射过程方案包括长波辐射方案的 RRTM 方案、短波辐射方案的 Dudhia 方案；近地面层（surface-layer）方案为 Monin-Obukhov 方案；路面过程方案为 OSU/MM5 路面过程方案；路面模式中的土壤层数为 4 层；边界层方案为 MRF 方案；微物理过程方案采用 NCEP 3 类简单冰方案；积云参数化方案为浅对流 Eta Kain-Fritsch 方案。

考虑不同高度，不同污染物质量浓度会发生改变，因此在垂直方向上对 2012MEIC 源进行分配。根据对研究区域污染源综合 CCTM 的基础上确定分配系数，主要的方法为专家打分法、主成分分析法、模糊数学法等综合方法来确定 CCTM 指标。

污染物排放的形态多种多样，存在如面状污染源、线状污染源、点状污染源等。而 2012MEIC 源清单文件，根据实际需要将每种污染划分为交通排放源（Transportation）、电力排放源（Power）、工业排放源（Industry）、居民排放源（Residential）、农业排放源（Agriculture）5 种不同排放部门类型。根据上述综合 CCTM 方法，针对不同排放部门内排放物质的不同特征进行空间上的垂直分配。

5.1.3　运行程序

将分别进行过时间分配和空间分配的交通排放源、电力排放源、工业排放源、居民排放源、农业排放源等文件在 MeteoInfoLab 软件中合并，生成一个包含研究区域所有排放物质并符合研究需求的总的排放源文件，通过气象分析软件 MeteoInfo，展示研究区域范围内不同污染物的影响范围与程度，完成排放源制作。

根据选定的模拟方案，运行 WRF 模型，将运行输出的结果 WRFOUT 文件与实际监测的相关数据进行对比，计算 CCTM 模拟方案的误差。若模拟误差较大则调整相关模拟方案，直到满足研究区域要求。图 5.1 为大气污染源排放清单制作流程图。

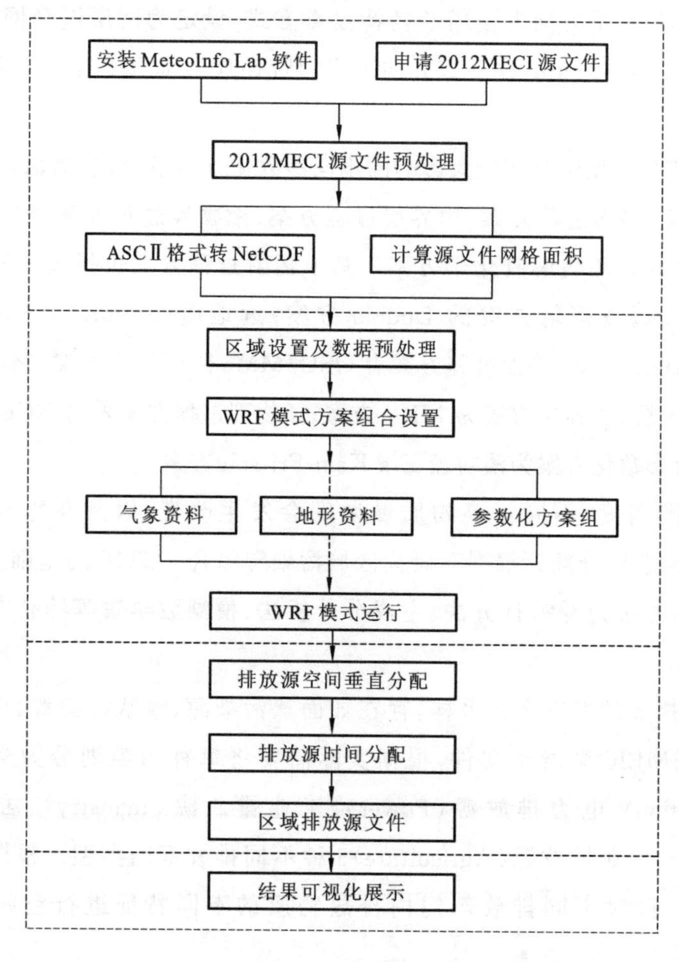

图 5.1　大气污染源排放清单制作流程图

5.2　基于 WRF-CMAQ 气象化学耦合模型的大气污染物扩散运动的模拟

5.2.1　实施方案

确定研究区域范围，获取和修改 WRF 所需的 namelist 文件参数；获取模拟时间内的气象资料与地形资料并对气象资料和地形资料进行预处理；编译和配置区域大气质量模型 CMAQ；耦合中尺度大气模型 WRF 和空气质量区域模型 CMAQ 模型；设计和制作适合于 WRF-CMAQ 模型的排放源清单文件；选择对模拟具有较大影响的不同参数化方案组合，设计对比观测实验方案，运行 WRF-CMAQ 耦合模型，筛选出最佳参数方案；将研究区域范围内模拟的主要大气污染物以及对周边大气环境影响的程度和范围进行可视化展示。为区域大气污染物的治理和预测提供科学方法与管理依据。

5.2.2 模拟区域选择子系统

为了获取更加精确的研究区域范围，本书利用 WRF Domain Wizard102 (http://forum.wrfforum.com/viewforum.php? f=24) 软件来获取所需的研究区域范围，与此同时获得该区域尺度中大气模型 WRF 模型所需的 namelist 文件参数，进行进一步修改获得适合研究区域需要的 namelist 文件。

根据研究区域地理位置和评估范围的差异设定不同的研究区域，在水平方向上使用兰勃特投影方式（Lambert），设定为两层嵌套网格，水平网格距分别为 27km、9km 并符合 3∶1 的规定。

5.2.3 WRF 气象模型参数化方案设计子系统

获取不同时间范围内，美国国家环境预报中心全球气象场分析资料数据与美国国家海洋和大气管理局全球海面温度场资料数据，并对气象输入数据进行预处理。作为 WRF 模型运行的输入数据资料。

获取模拟时间内，分辨率成像光谱仪地表类型数据和地面高程数据作为驱动 WRF 运行的地形数据资料，并对地形输入数据进行预处理。

5.2.4 排放源制作及其处理子系统

申请清华大学张强研究团队制作的 MEIC 模型源清单，该清单文件的初始格式为 ASCII 格式文件，清单中每个文件包括电力（Power）、工业（Industry）、民用（Residential）、交通（Transport）、农业（Agriculture）等五个部门的排放数据。

MEIC 排放源清单的预处理过程，将 ASCII 格式数据转换为 NetCDF 格式文件，利用 nc 文件的易读性，来读取 MEIC 排放源中各个物质的网格信息，可以读取前 6 行来解读相应物质的主要网格信息。

计算 MEIC 排放源清单中的网格面积，确定单位网格中各种化学机制的质量浓度。MEIC 源清单根据实际要求：各污染物单位为 t/grid；另外，清单提供了 CB05 和 SAPRC99 两种化学机制物质排放，空间范围与其他污染物一致，单位为 10^6 mol/grid，进行计算转换，方便后续处理。

将 WRF 模型的输出文件插入到排放源文件中获取对应研究区域范围的排放源清单文件。

排放源清单自上而下的垂直分配及参数化设置。

排放源清单的时间分配及参数化设置。

合并排放源中不同部门下相同物质种类，生成最终排放源文件。

5.2.5 CMAQ 模型参数化方案子系统

主要包括以下步骤。

(1) 确定研究区域范围，获取和修改 WRF 所需的 namelist 文件参数。

(2) 获取模拟时间内的气象资料和地形资料并对气象资料与地形资料进行预处理。

(3) 编译和配置区域大气质量模型 CMAQ。

(4) 耦合中尺度大气模型 WRF 和区域大气质量模型 CMAQ 模型。

(5) 设计和制作适合于 WRF-CMAQ 模型的排放源清单文件。

(6) 选择对模拟具有较大影响的不同参数化方案组合，设计对比观测实验方案，运行 WRF-CMAQ 耦合模型，筛选出最佳参数方案。

(7) 将研究区域范围内模拟的主要大气污染物以及对周边大气环境影响的程度和范围进行汇总。

5.2.6 编译和配置区域大气质量模型 CMAQ

编译和配置 CMAQ 主要包括以下几部分工作。

(1) 编译和配置 MCIP 模块。MCIP 气象-化学接口处理器模块是气象模型和化学传输模块 CCTM 的接口，主要将 WRF 模型输出的气象数据转化为化学传输模块 CCTM 可识别的数据格式。

(2) 编译和配置 BCON 模块。边界值模块为化学传输模块 CCTM 提供边界场，在 BCON 模块中设置适合研究区域需要的环境变量。

(3) 编译和配置 ICON 模块。初始值模块为化学传输模块 CCTM 提供初始场，并在 BCON 模块中设置适合研究区域需要的环境变量。

(4) 编译和配置 JPROC 模块。光化学分解率模块的主要作用是计算光化学分解率,为化学传输模块 CCTM 提供光化学分解率,在 JPROC 模块中设置适合研究区域需要的环境变量。

(5) 编译和配置 CCTM 模块。化学传输模块是 CMAQ 模型中最核心的模块,它是基于 MCIP 模块、BCON 模块、ICON 模块、JPROC 模块基础上运行的,可以模拟污染物的传输过程、化学过程和沉降过程,且 CCTM 模块具有可扩充性,例如,加入云过程模块、扩散与传输模块和气溶胶模块等,可以选择在 CMAQ 中加入这些模块以便于模型在不同区域的模拟。

5.2.7　耦合中尺度大气模型 WRF 和区域大气质量模型 CMAQ

CMAQ 模型的数值计算所需的气象场由气象模型 WRF 提供,将两者进行耦合后气象模型 WRF 可以为 CMAQ 模型的运行提供准确的气象场,使运行更加便捷和人性化,相较于其他方法可以运行出满意的模拟结果。

设置 WRF-CMAQ 气象化学耦合模型中具有较大影响的不同参数化方案组合,包括辐射过程方案、路面过程方案、边界层过程方案、微物理过程方案、云物理过程方案、气象化学方案和气溶胶化学方案。

运行的结果就是研究区域在某一时段的主要大气污染物的质量浓度,对模拟结果进行可视化操作,利用 MeteoInfo 软件或者 NCL 进行可视化展示研究区域范围内大气污染物质量浓度的当前变化趋势和未来发展情况,为当地的大气环境建设提供理论支撑与管理支持。WRF 与 CMAQ 耦合模型思路如图 5.2 所示。

5.3　MCIP 模块的编译与运行

5.3.1　创建 MCIP 可执行文件

MCIP 主要是用 Linux 中的 Makefile 文件来建立 MCIP 可执行文件。因为 MCIP 是与 CMAQ 系统模型的其余部分分开开发的,所以,MCIP 通过 Makefile 文件来建立 MCIP 可执行文件,而 CMAQ 模型的其他部分则使用模型编辑器(模型构建器)来创建可执行文件。

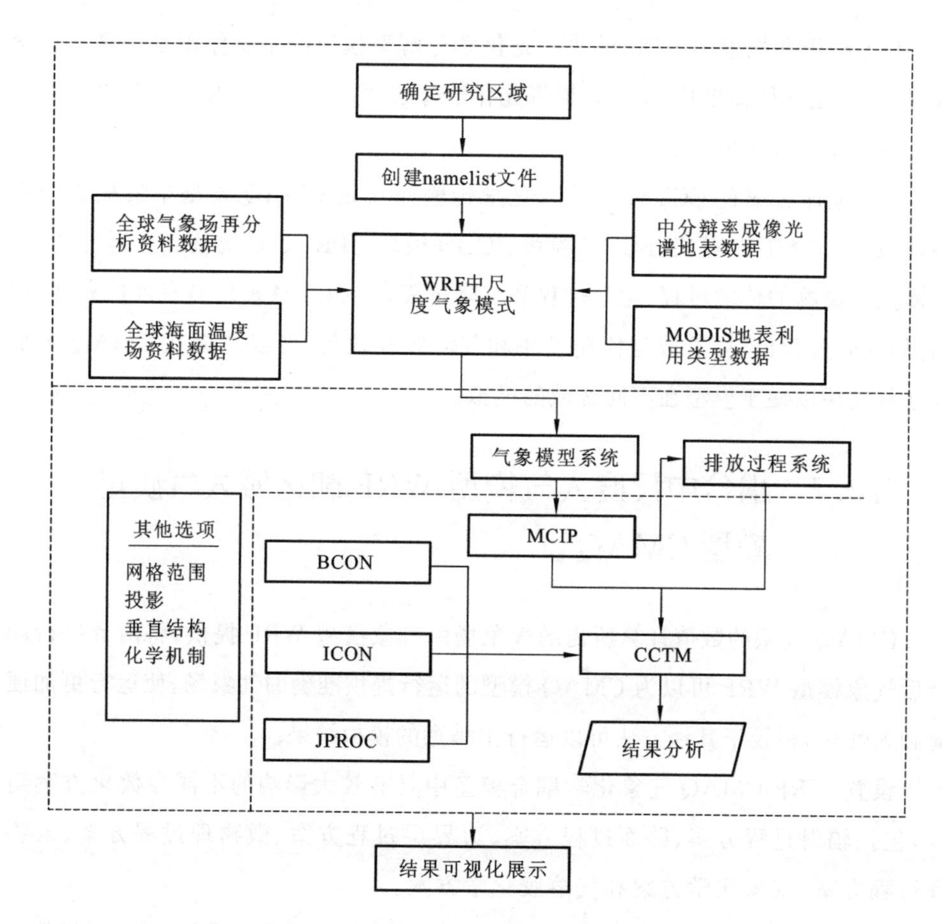

图 5.2 WRF 与 CMAQ 耦合模型思路

1. MCIP 所在的目录

以下是 MCIP 所在的目录，主要包括的文件如下所示。

```
cma18n02:/cmb/g5/wangyq/MODEL/CMAQv4.7.1_bak/scripts/mcip s 11
total 512
drwxr-xr-x  4  wangyq  iac     512  Jan  19  2016  data
drwxr-x---  2  wangyq  iac     512  Jan  19  2016  doc
-rwxr-x---  1  wangyq  iac   17543  Jan  19  2016  run.mcip
-rwxr-x---  1  wangyq  iac   17543  Jan  19  2016  run.mcip.bak
drwxr-x---  2  wangyq  iac  131072  Jan  19  2016  src
```

2. MCIP 的编译文件

将目录转换到 src 下，会有很多编译文件，如下所示。

```
cma18n02:/cmb/g5/vangyq/MODEL/CMAQv4.7.1_bak/scripts/mcip/src S 11
total 34176
-rw-r-----  1 wangyq iac   4040 Jan 19  2016  Makefile
-rw-r-----  1 wangyq iac  10337 Jan 19  2016  alloc_ctm f90
-rw-r--r--  1 wangyq iac  91291 Jan 19  2016  alloc_ctm o
-rw-r-----  1 wangyq iac   2896 Jan 19  2016  alloc_depv f90
-rw-r--r--  1 wangyq iac   7896 Jan 19  2016  alloc_depv o
-rw-r-----  1 wangyq iac   2252 Jan 19  2016  alloc_lu f90
-rw-r--r--  1 wangyq iac   3552 Jan 19  2016  alloc_lu o
-rw-r-----  1 wangyq iac   7779 Jan 19  2016  alloc_met f90
-rw-r--r--  1 wangyq iac  45570 Jan 19  2016  alloc_met o
-rw-r-----  1 wangyq iac  11291 Jan 19  2016  alloc_x f90
```

3. 对 Makefile 文件进行编辑

默认情况下 Makefile 文件是由 Linux 系统下的 Portland Group (PGF90)编译器配置的,若想用 Inter 编译器配置 Makefile 文件,可以用"#"取代 Portland Group (PGF90)编译器的有关选项,在用 PGF90 编译器配置 Makefile 选项部分的六行时必须注释(第 28 行和 33～37 行),然后将 Inter 编译器配置选项前的"#"去掉即可,如下所示。

```
#
# ...Linux   (PGF90)
# FC      =   /share/linux9.0/pgi/linux86/6.2/bin/pgf90
# FFLAGS =    -g -O0  -ktrap-unf -ktrap=denorm -ktrap= inv -k
free -byteswapio -IS(NETCDF) /include -IS(IOAPI_ROOT) /ic
# FFLAGS =    -O4 -fastsse -pc 32 -Mfree -byteswapio -IS(NE
# LIBS    =   -LS(IOAPI_ROOT) /Linux2_86pg_pgcc -lioapi\
#           -LS(NETCDF) /lib -lnetcdf
#
# ...Linux   (Intel)
# FC      =   /share/linux9.0/intel/fc/9.0/bin/ifort
# FFLAGS =    -g -O0 -check all -C -pc32 -traceback -FR -op
# FFLAGS =    -O3 -FR -vec-report0 -openmp -IS(NETCDF) /incl
# LIBS    =   -LS(IOAPI_ROOT) /Linux2_x86ifort -lioapi \
#             -LS(NETCDF)/lib -lnetcdf
```

5.3.2 配置和执行 MCIP 运行脚本

1. 转换目录

将目录转换到 run. mcip 下。

```
cma18n02:/cmb/g5/wangyq/MODEL/CMAQv4.7.1_bak/scripts/mcip s 11
total 512
drwxr-xr-x  4  wangyq  iac    512  Jan  19  2016  data
drwxr-x---  2  wangyq  iac    512  Jan  19  2016  doc
-rwxr-x---  1  wangyq  iac  17543  Jan  19  2016  run.mcip
-rwxr-x---  1  wangyq  iac  17543  Jan  19  2016  run.mcip.bak
```

2. 对 MCIP 模块进行编译

在 run. mcip 中有很多变量可以根据用户的需要进行设置。其中 MCIP 版本 4 的一个新的特点就是能够从 MM5 TERRAIN 文件中读取部分土地利用数值，用来计算城市面积百分比。如果要输出这些文件需要在 run. mcip 脚本中设置以下变量。

```
set Datapath    = SM3DATA
set InMetDir    = S{Datapath}/mm5
set InTerDir    = S{Datapath}/terrain
set InSatDir    = S{Datapath}/goes
set OutDir      = S{Datapath}/mcip
set ProgDir     = Scwd/src
set WorkDir     = SOutDir

set IfTer       = "T"
set InTerFile   = SInTerDir/geo_em_d01.nc
```

MCIP4 版本的另一个主要特性是 MCIP 能够使用输入气象数据的所有图层，因此无须在脚本中指定完整的高度层列表(CTM layers)，若想利用所有图层可设置变量 CTMLAYS="-1.0"，若想指定高度层列表可以按如下设置。

```
#-------------------------------------------------------------
#Set CTM layers.  Should be in descending order staring at 1 and
#ending with 0.  There is currently a maximum of 100 layers allowed.
```

```
#To use all of the layers from the input meteorology without
#collapsing (or explicitly specifying), set CTMLAYS = - 1.0.
#-----------------------------------------------------------------
set CTMLAYS = "- 1.0"
#set CTMLAYS = "1.000, 0.995, 0.990, 0.980, 0.960, 0.940, 0.910, 0.860,\
#               0.800, 0.740, 0.650,0.550, 0.400, 0.200, 0.000
```

其他环境变量的设置可以参考 run. mcip 脚本中的注释信息根据需要来设置。

3. 运行 run. mcip 脚本

当 mcip 中的环境变量设置好之后，调用命令. /run. cmcip 运行脚本，然后查看运行日志(log)，在末端若出现“NORMAL TERMINATION”字样则说明 MCIP 模块运行成功。

4. MCIP 输出文件(MCIP output files)

正常情况下 MCIP 运行成功后会在输出目录下输出 11 个文件，分别表示：Mmheader 文件是描述 MM5 输入文件的头文件文本(一般会省略)；GRIDDESC 文件是描述 MCIP 输出网格的头文件文本；MCIPGRID 文件描述与时间无关的 2D 和 3D 文件；MET 文件描述与时间有关的 2D 和 3D 文件；namelist 文件是 MCIP 运行脚本产生的 Fortran 输入文件，主要包含模拟数据的一些参数设置。

```
cma18n02:/cmb/g5/wangyq/MODEL_Wuhan/CMAQv4. 7. 1_bak/MCIP 3. 6/data/
output/20150430 s 11
total 2195840
-rw-rw-rw-  1 wangyq  iac       95512 Nov 10 05:29  GRIDBDY2D_HBCMAQ
-rw-rw-rw-  1 wangyq  iac     2673852 Nov 10 05:29  GRIDBDY2D_HBCMAQ
-rw-rw-rw-  1 wangyq  iac         181 Nov 10 05:29  GRIDDESC
-rw-rw-rw-  1 wangyq  iac      795144 Nov 10 05:29  GRIDBDY2D_HBCMAQ
-rw-rw-rw-  1 wangyq  iac    34780460 Nov 10 05:30  METBDY3D_HBCMAQ
-rw-rw-rw-  1 wangyq  iac   400211376 Nov 10 05:30  METCRO2D_HBCMAQ
-rw-rw-rw-  1 wangyq  iac  1200463204 Nov 10 05:30  METCRO3D_HBCMAQ
-rw-rw-rw-  1 wangyq  iac   608899044 Nov 10 05:30  METDOT3D_HBCMAQ
-rw-rw-rw-  1 wangyq  iac        1003 Nov 10 05:29  namelist.mcip
```

5.4 BCON 模块的编译与运行

5.4.1 使用模型构建器配置 BCON 脚本

1. 目录转换

用 cd 命令将目录转换到 BCON 下。

```
cma18n02:/cmb/g5/wangyq/MODEL/CMAQv4.7.1_bak/scripts/bcon s 11
total 14208
-rwxr-xr-x 1 wangyq  iac  6568085 Jan 19  2016  BCON_ela_m3cone_AIX
-rwxr-xr-x 1 wangyq  iac  6035925 Jan 19  2016  BCON_ela_profile_AIX
drwxr-xr-x 2 wangyq  iac  131072 Jan 19  2016  BLD_ela_m3conc
drwxr-xr-x 2 wangyq  iac  131072 Jan 19  2016  BLD_ela_profile
-rwxr-x---1 wangyq  iac     8807 Jan 19  2016  bldit.bcon
-rwxr-x---1 wangyq  iac     8762 Jan 19  2016  bldit.bcon.xlf_m3cone
-rwxr-x---1 wangyq  iac     8763 Jan 19  2016  bldit.bcon.xlf_m3cone
-rw-r--r--1 wangyq  iac     1684 Jan 19  2016 cfg.ela  bldit.bcon.xlf
_profile
-rw-r--r--1 wangyq  iac     1718 Jan 19  2016 cfg.ela_m3conc
-rw-r--r--1 wangyq  iac     1690 Jan 19  2016 cfg.ela_m3conc.old
-rw-r--r--1 wangyq  iac     1720 Jan 19  2016 cfg.ela_profile
-rw-r--r--1 wangyq  iac     1832 Jan 19  2016 cfg.ela_profile.old
-rw-r--r--1 wangyq  iac     6063 Jan 19  2016  run.bcon
```

2. 编译 bldit. bcon 脚本

用 vi bldit. bcon 命令编译 bldit. bcon 脚本，一般地在 bldit. bcon 脚本开头会有一段检测 $ M3MODEL and $ M3LIB 目录是否存在的程序，若不存在则会报错：$ M3MODEL or $ M3LIB directory not found；如果不存在要重新配置 config. cmaq 脚本。

```
##Check for M3MODEL and M3LIB settings:
  if  (  !   -e SM3MODEL || ! -e SM3LIB )   then
     echo  "      SM3MODEL or SM3LIB directory not found"
```

```
    exit 1
                        end if
  echo "    Model archive path:  SM3MODEL"
  echo "              Tools path:  SM3LIB"
```

在脚本中 Project 和 GlobInc 变量分别指向 BCON 的源代码与库目录。

```
#> user choices:  cvs archives
  set Project  =  SM3MODEL/BCON
  set GlobInc  =  SM3MODEL/include/release
```

APPL 变量为 BCON 可执行文件添加一个脚本的标签。该脚本标签应包含有关 BCON 源数据性质的信息。

```
#> user choices:base directory
  set Base =  Scwd


  set APPL   =  ela

  set CFG    =  cfg.SAPPL
  set MODEL  =  BCON SAPPL
```

默认选项<verbose>的功能是将 Fortran 对象文件编译和链接在一起，在 verbose 模式下创建一个 CCTM 可执行文件，从而将所有 CVS、编译器和链接器输出打印到终端。

构建脚本的“various modules”部分提供了用于构建 BCON 的不同配置选项。本节中最重要的配置选项是输入数据(Mod Type)和化学机制转换(Mod Mech)标志。

Mod Type:BCON 处理器可以从三个输入源之一生成 BC 文件。

m3conc-CCTM 输出文件，现有 3D 模型的浓度文件。

profile- time-invariant set of vertical concentration profiles from a text file 来自文本文件的垂直集中配置文件的时不变集。

tracer:惰性示踪剂。

Mod Mech:BCON 处理器可以从不同的化学机制读取边界条件浓度，主要的化学机制如下。

cb05:CB05 物质。

saprc99:SAPRC99 物质。

saprc07t:SAPRC07t 物质。

模式中可用的化学机制主要包括以下内容。

cb05cl_ae5_aq：模块 CB05 中的气溶胶、氯和水等物质的化学反应机理。

cb05tucl_ae5_aq：模块 CB05 中的气溶胶、甲苯、氯和水等物质的光化学反应机制。

cb05tucl_ae6_aq：CB05 中的气溶胶模块 6、甲苯、氯和水等物质的光化学反应机制。

cb05tump_ae6_aq：这是 CMAQ 多污染物(mp)机制、CB05 光化学机制、有气溶胶模块 6、更新的甲苯、含汞和氯的毒性气体、水等物质的化学反应机理。

saprc99_ae5_aq：包括气溶胶模块 5 和水化学的 SAPRC99 光化学机制。

saprc99_ae6_aq：包括气溶胶模块 6 和水化学的 SAPRC99 光化学机制。

saprc07tb_ae6_aq：包括气溶胶模块 6 和水化学的 SAPRC07tb 光化学机制。

saprc07tc_ae6_aq：包括气溶胶模块 6 和水化学的 SAPRC07tc 光化学机制。

5.4.2 创建 BCON 可执行文件

调用./bldit.bcon 命令运行 BCON 配置脚本，当 bldit.bcon 运行成功后会在相应的目录下生成相应的 BCON 的可执行文件。

```
cma18n02:/cmb/g5/wangyq/MODEL/CMAQv4.7.1_bak/scripts/bcos s 11
total 14208
-rwxr-xr-x  1  wangyq  iac  6568085  Jan  19  2016  BCON_ela_meconc_AIX
-rwxr-xr-x  1  wangyq  iac  6035925  Jan  19  2016  BCON_ela_profile_AIX
```

与此同时在同一目录下也会生成 BCON 创建脚本，安装和编译 BCON 代码的工作版本的目录，它一般在命名过程中添加了 BLD 字串和设置的 APPL 环境变量名称，如下所示。

```
cma18n02:/cmb/g5/wangyq/MODEL/CMAQv4.7.1_bak/scripts/bcos s 11
total 14208
-rwxr-xr-x  1  wangyq  iac  6568085  Jan  19  2016  BCON_ela_m3conc_AIX
-rwxr-xr-x  1  wangyq  iac  6568085  Jan  19  2016  BCON_ela_profile_AIX
drwxr-xr-x  2  wangyq  iac   131072  Jan  19  2016  BLD_ela_m3conc
drwxr-xr-x  2  wangyq  iac   131072  Jan  19  2016  BLD_ela_profile
```

5.4.3 配置 BCON 运行脚本

1. 转换目录

将目录转到 run.bcon 下，用 vi 命令查看 run.bcon。

```
#! /bin/csh -f

#==================BCONv4.7.1 Run Script ================== #
#Usage:run.bcon>&! run.bcon.log &                            #
#The following environment variables must be set for this script to  #
#execute properly:                                            #
#   setenv M3DATA =  source code CVS archive                  #
#To report problems or request help with this script/program:  #
#          http://www.cmascenter.org/help_desk.cfm            #
#========================================================== #
```

2. 设置 CFG 环境变量和 APPL 环境变量

在 run. bcon 脚本中，CFG 环境变量主要是为 BCON 可执行文件设置一个配置标签，用来说明模式的目的。APPL 不仅可以用来标识 BCON 模拟的标识，也可以用来标识 BCON 的可执行文件。

```
set APPL           =  cb05cl
set CFG            =  ela
set EXEC           =  BCON_S{CFG}_Linux2_x86_64intel
setenv NPCOL_NPROW  "1  1"
```

3. 设置 MECH 环境变量

Run. bcon 脚本中的 MECH 环境变量要与 BCON 创建脚本中的“Mechanism”环境变量保持一致。

```
setenv MECH_CONV_FILE    /home/ggb/models3/icbc/mech_conv_f1.v1
endif
```

4. 设置 GRID_NAME 环境变量

CMAQ 模型系统中水平网格主要由包含在 GRIDDESC 文件中的 GRID_NAME 环境变量来定义。

```
#> horizontal grid defn; check GRIDDESC file for GRID_NAME options
 setenv GRIDDESC ../GRIDDESCI
 setenv GRID_NAME M_36_2001
 setenv IOAPI_ISPH 19
```

5. 设置 layer 环境变量

在 BCON 中可以使用 MCIP 模块生成的 METCRO3D 文件来分配输出给 BC 文件的垂直层结构。在设置变量前首先要验证 LAYER_FILE 变量是否指向在 MCIP 创建的 METCRO3D 文件。

```
#> vertical layer defn
 setenv LAYER_FILE SM3DATA/mcip3/M_36_2001/METCRO3D_010722
```

6. 设置 BC 环境变量

BC 环境变量的主要作用是决定程序是输入一个 vertical profiles 文本文件还是输入一个 netCDF 3D 浓度文件。

```
set BC =  profile          # use default profile file
set BC= m3conc             # use CMAQ CTM concentration files (nested runs)
```

7. 运行 BCON 脚本

调用./run.bcon 命令,运行 BCON 脚本,运行完后,查看 bcon 运行脚本的 log 文件,若在 log 文件的末尾出现“>>---> Program BCON completed successfully <---<<”,则表明 BCON 模块运行成功。将目录转化到 BCON 的输出目录,可以看到 BCON 的输出文件,如下所示。

```
cma18n02:/cmb/g5/wangyq/MODEL _ wuhan/CMAQv4. 7. 1 _ bak/data/bcon/
20150512 s 11
total 9600
-rw-rw-rw- 1 wangyq iac 3205088 Nov 12 07:38 BCON_ela_HBCMAQ_
2015132_profile
-rw-rw-rw- 1 wangyq iac 3205088 Nov 12 07:57 BCON_ela_HBCMAQ_
2015133_profile
-rw-rw-rw- 1 wangyq iac 3205088 Nov 12 07:15 BCON_ela_HBCMAQ_
2015134_profile
```

5.5 ICON 模块的编译与运行

ICON 模块的配置和编译与 BCON 模块的配置与编译很相似,可以参照 BCON 模块的配置和编译进行相关的环境变量设置。

5.5.1 配置 ICON 的运行脚本

ICON run script 路径如下所示。

```
wangyq@ cma18n02/cmb/g5/wangyq/MODEL/CMAQv4.7.1_bak/scripts/iconj s 11
total 14336
drwxr-xr-x  2 wangyq iac    131072  Jan  19  2016  BLD_ela_m3conc
drwxr-xr-x  2 wangyq iac    131072  Jan  19  2016  BLD_ela_profile
-rwxr-xr-x  1 wangyq iac   6588139  Jan  19  2016  ICON_ela_m3conc_AIX
-rwxr-xr-x  1 wangyq iac   6039050  Jan  19  2016  ICON_ela_profile
_AIX
drwxr-xr-x  2 wangyq iac    131072  Jan  19  2016  MOD_DIR
-rwxr-xr-x  1 wangyq iac      9578  Jan  19  2016  bldit.icon
-rwxr-xr-x  1 wangyq iac      9516  Jan  19  2016 bldit.icon.xlf_m3conc
-rwxr-xr-x  1 wangyq iac      9517  Jan  19  2016 bldit.icon.xlf_profile
-rwxr-xr-x  1 wangyq iac      1998  Jan  19  2016 cfg.ela_m3conc
-rwxr-xr-x  1 wangyq iac      1966  Jan  19  2016 cfg.ela_m3conc.old
-rwxr-xr-x  1 wangyq iac      2000  Jan  19  2016 cfg.ela_profile
-rwxr-xr-x  1 wangyq iac      1968  Jan  19  2016 cfg.ela_profile.old
-rwxr-xr-x  1 wangyq iac      5875  Jan  19  2016 run.icon
```

1. 设置 run. icon 脚本

在配置 ICON run script 之前应该设置 run. icon 脚本中的以下变量。

(1) CFG 变量设置为 training(training 为练习时的变量,在本次模拟中设置该变量为 ela,"1"为数字)。

(2) APPL 变量设置为用于标记模型可执行文件(配置文件)的标识符。CFG 变量和 APPL 变量设置如下所示。

```
echo " "; echo    "Input data path,M3DATA set to SM3DATA "; echo
set APPL            =  cb05cl
set CFG             =  ela
set EXEC            =  ICON_S{CFG}_Linux2_x86_64intel
setenv NPCOL_NPROW  "1  1"
```

(3) MECH 变量设置为用于构建可执行文件的机制(cb05cl_ae5_aq)。

(4) GRIDDESC 与 GRID_NAME 环境变量设置为指向网格描述文件和此训练的网格描述文件中包含的网格定义的名称。GRIDDESC 和 GRID_NAME 环境变量设置如下所示。

```
#> horizontal grid defn; check GRIDDESC file for GRID_NAME options
 setenv GRIDDESC ../GRIDDESCI
 setenv GRID_NAME M_36_2001
 setenv IOAPI_ISPH 19
```

(5) LAYER_FILE 环境变量指向使用 MCIP 创建的 METCRO3D 文件。LAYER_FILE 环境变量设置如下所示。

```
#> vertical layer defn
 setenv LAYER_FILE SM3DATA/mcip3/M_36_2001/METCRO3D_010722
```

2. 确定 ICON 运行脚本中的 IC 变量

ICON 运行脚本中的 IC 变量确定程序是否输入垂直配置文本文件(vertical profile)或 netCDF 3D 浓度文件,在运行脚本中,变量 IC 的设置应该是 profile。

根据变量 IC 的设置,ICON 运行脚本指向生成 CMAQ 初始条件文件的不同输入文件。

a. IC 设置为<profile>,则环境变量 IC_PROFILE 指向一组时间不变的垂直剖面。b. IC 设置为<m3conc>,则环境变量 IC_PROFILE 指向 netCDF 3D 浓度文件。

从而验证 ICON 运行脚本是否引用了此模拟的正确 ICON 输入文件。IC 变量的设置如下所示。

```
#####################################################################
#This script to run the ICON preprocessor has two major sections;     #

#1) use default profile inputs, or 2) use CMAQ CTM concentration files
                                                                      #
#Follow these steps:                                                  #
#     1) set IC equal to "profile" or "m3conc"                        #
#     2) set the remainder of the environment variables for the section
being                                                                 #
#        used (see below)                                             #
#####################################################################
```

```
set IC =  profile            # use default profile file
#set IC =  m3conc            # use CMAQ CTM concentration files (nested runs)
```

5.5.2　运行 ICON 脚本

在 ICON run script 路径下直接运行 run. icon 脚本，并查看其 log 文件，在 log 文件末尾出现>>------program ICON completed successfully------<<信息，则说明 ICON 文件运行成功。

ICON 输出的数据位于 $ M3DATA/icon 下。

ICON 输出文件如下所示。

```
wangyq @  cma18n02:/cmb/g5/wangyq/MODEL/CMAQv4. 7. 1 _ bak/data/icon/
20150103j s 11
total 321408
-rw-rw-rw-  1 wangyq iac 109660456 Aug 29 06:54  ICON_ela_HBCMAQ_2015003_profile
-rw-rw-rw-  1 wangyq iac 109660456 Jul 19 03:20  ICON_ela_HBCMAQ_2015004_profile
-rw-rw-rw-  1 wangyq iac 109660456 Aug 29 06:54  ICON_ela_HBCMAQ_2015005_profile
```

利用 ncdump 命令打开任何一个 ICON 输出文件可以看到以下信息。ICON 输出数据的部分内容如下所示。

```
netcdf ICON_ela_HBCMAQ_2015003_profile {
dimensions:
        TSTEP =  1 ;
        DATE-TIME =  2;
        LAY =  16;
        VAR =  80;
        ROW =  106;
        COL =  202;
variables:
        int TELAG(TSTEP, VAR, DATE-TIME) ;
                TFLAG:units = "< YYYYDDD,HHMMSS> " ;
                TFLAG:long_name =  "TFLAG              ";
                TFLAG:var_dese =  "Timestep- valid flags:  (1) YYYYDDD
or (2) HHMMSS
```

5.6 CCTM模块的编译与运行

5.6.1 使用模型编译器脚本

在相关目录下找到CCTM配置和编译的文件bldit.cctm,CCTM构建脚本的下一部分列出了模型编辑器程序的几个选项。该选项提供了在编译程序时采取什么操作的模型构建器指令。

默认选项＜verbose＞的功能是将Fortran对象文件编译链接在一起,在verbose模式下创建一个CCTM可执行文件,从而将所有CVS、编译器和链接器输出打印到终端。

1. CCTM的配置选项

构建脚本的"多种模块"提供了构建CCTM的不同配置选项。以下是这些选项的简要概述。

Mod Hadv:CCTM水平平流配置选项。

Mod Vadv:CCTM垂直平流配置选项。

vwrf:基于WRF的ω计算。

Mod Hdiff:水平扩散选项。

multiscale:基于地方风的扩散系数。

Mod Vdiff:垂直扩散选项。

acm2:利用对流法进行垂直扩散计算。

acm2_mp: ACM2多元的污染能力。

Mod Depv:沉积速率选项。

m3dry:计算从MCIP转移到CMAQ m3drymp:CMAQ的多污染物的干沉积速率。

Mod Emis:在线排放源处理模块。

Mod Biod:在线生物源模块。

Mod Plmrs:在线点源羽烟爬升模块。

Mod Phot:光解驱动选项。

phot_inline:用预测的气溶胶和辐射来计算光解能力。

Mod Cgrds:指定的化学输入参数。

cgrid_spcs_nml:在执行时调用 namelist 物质文件。

cgrid_spcs_icl:包含带有物种定义的编译文件。

Mod Chem:化学计算方式选项。

ros3: Rosenbrock 求解程序。

smvgear:计算稀疏矩阵矢量,进行优化的求解器。

ebi_cb05cl:EBI,CB05 机制与氯化学反应的分解器。

ebi_cb05tucl:EBI 分解器,对 CB05 机制进行了更新,对甲苯化学、氯化学反应机理进行了更新。

ebi_cb05tump:EBI 算法配置了 CB05 机制并更新了苯机制,包含了空气中的有毒物质、氯气和汞,该机制是 CMAQ 多污染机制。

ebi_saprc99:用于 SAPRC99 机制的 EBI 解析器。

ebi_saprc07tb:对 SAPRC07tb 机制、SAPRC07tc 机制、ebi_saprc07tc-EBI 解析器进行了配置。

Mod Aero:气溶胶模块。

aero5:第五代 CMAQ 气溶胶机制。

aero6:第六代 CMAQ 气溶胶机制。

aero6_mp:第六代 CMAQ 气溶胶机制,包括汞等毒性气体。

Mod Cloud:云物理化学模块。

cloud_acm_ae5:基于对流法(ACM)和第五代 CMAQ 气雾机制下的网格尺度云混合算法。

cloud_acm_ae6:ACM 云模块与第六代 CMAQ 气溶胶机制。

could_acm_ae6_mp:ACM 云模块与第六代 CMAQ 气雾机制,包括汞等毒性气体。

2. 构建脚本的化学机制的命名

cb05cl_ae5_aq:包括氯、气溶胶模块 5 中的物质和水化学在内的 CB05 光化学机制。

cb05tucl_ae5_aq:包括氯、甲苯、气溶胶模块 5 中的物质和水化学在内的 CB05 光化学机制。

cb05tucl_ae6_aq:包括氯、甲苯、气溶胶模块6中的物质和水化学在内的CB05光化学机制。

cb05tump_ae6_aq:这是CMAQ多污染物(mp)机制,包括含汞与氯的毒性气体、甲苯、气溶胶模块6中的物质和水化学在内的CB05光化学机制。

saprc99_ae5_aq:包括气溶胶模块5中的物质和水化学在内的SAPRC99光化学机制。

saprc99_ae6_aq:包括气溶胶模块6中的物质和水化学在内的SAPRC99光化学机制。

saprc07tb_ae6_aq:包括气溶胶模块6中的物质和水化学在内的SAPRC07tb光化学机制。

saprc07tc_ae6_aq:包括气溶胶模块6中的物质和水化学在内的SAPRC07tc光化学机制。

3. 配置CCTM模型构建器脚本

配置CCTM模型构建器脚本来创建使用没有羽状网格,没有过程分析的第5代气溶胶模型的可执行文件,并使用为CB05配置的EBI化学解算器。为此,请将CCTM设置为

```
use yamo for the driver module
use gencoor for the concentration coupling module
use the yamo method for both horizontal and vertical advection
use multiscale horizontal diffusion
use acm2 vertical diffusion
use m3dry for the deposition velocity calculations
use the namelist option for the configuring the chemical parameters
use photolysis rates calculated inline
use the EBI chemistry solver configued for CB05cl
use the 5th-generation CMAQ aerosol mechanism
use the ACM cloud model configued for the 5th generation CMAQ aerosol
mechanism  do not create process analysis output
use CB05 speciation with chlorine chemistry, the 5th generation CMAQ
aerosol model, and aqueous chemistry
```

5.6.2　创建 CCTM 可执行文件

利用 cd 命令转换到 scripts 路径。

```
cma18n02:/cmb/g5/wangyq/MODEL/CMAQv4.7.1_bak/scripts/cctm s
```

通过命令./bldit.cctm 运行创建 CCTM 脚本，若运行成功，则会产生可执行文件，生成的可执行文件会以机器的型号命名。

```
cma18n02:/cmb/g5/wangyq/MODEL/CMAQv4.7.1_bak/scripts/cctm s 11
total 26752
drwxr-xr-x 2 wangyq iac 131072 Jan 19 2016 BLD_dela
drwxr-xr-x 2 wangyq iac 131072 Jan 19 2016 BLD_dela
-rwxr-xr-x 1 wangyq iac 8645154 Jan 19 2016 CCTM_dela_AIX
-rwxr-xr-x 1 wangyq iac 8547824 Jan 19 2016 CCTM_ela_AIX
```

5.6.3　配置 CCTM 运行脚本(run script)

使用 cd 命令转换目录到 cctm 目录下

```
cma18n02:/cmb/g5/wangyq/MODEL/CMAQv4.7.1_bak/scripts/cctm s
```

使用 vi 命令打开 run.cctm，进行设置。

1. 设置 APPL 环境变量，CFG 环境变量

根据需要设置 APPL 环境变量，CFG 环境变量。

```
set APPL    = benchmark
set CFG     = ela
set EXEC    = CCTM_S{CFG}_Linux2_x86_64intel        #  ctm version
```

2. 设置时间参数环境变量

根据需要设置模拟时间参数(时间参数均为 GTM 时间)。

```
#>  timestep run parameters

set STDATE   =  2001203      #  beginning date
set STTIME   =  000000       #  beginning GMT time (HHMMSS)
set NSTEPS   =  240000       #  time duration (HHMMSS) for this run
set TSTEP    =  010000       #  output time step interval (HHMMSS)
```

3. 设置 LOGFILE 环境变量

通过设置环境变量"LOGFILE"生成 CCTM 日志文件；它位于运行脚本的"set log file"部分。一般情况下保持"LOGFILE"环境变量注释。后面调用 run.cctm 脚本时，我们可以通过重新定向标准输出来手动创建 log 文件。

```
#> set log file [ default = unit 6 ]; uncomment to write standard output to a log

#setenv LOGFILE SBASE/SAPPL.log
```

4. 设置 DISP 环境变量

环境变量"DISP"主要功能是确定如何管理现有输出文件。在默认情况下，该值设置为"keep"，意味着当输出文件已经存在，若想删除已经存在的输出文件，可以将"DISP"环境变量设置为"delete"，CCTM 将不会尝试覆盖现有文件，因此不会成功执行。

```
#> remove existing output files?

set DISP = delete

#set DISP = update

# SET DISP = keep
```

5. 定义垂直网格(horizontal grid)环境变量

在 run.cctm 脚本中通过定义 GRID_NAME 环境变量对 CMAQ 模型系统设置垂直网格，而 GRID_NAME 环境变量包含在 GRIDDESC 文件中，但是在使用过程中要确保 GRIDDESC 文件与其他模块使用的 GRIDDESC 文件保持一致。如果未将 GRID_NAME 设置为要建模的网格名称，那么可以通过 GRID_NAME 环境变量来设置。

```
#> horizontal grid defn; check GRIDDESC file for GRID_NAME options

setenv GRIDDESC ../GRIDDESC1

setenv GRID NAME M 36 2001
```

6. 设置 CONC_SPCS and CONC_BLEV_ELEV 环境变量

CCTM 模块中的 CONC_SPCS 和 CONC_BLEV_ELEV 环境变量可以让用

户选择指定要写入每小时瞬时浓度文件的化学种类与高度层，并且也可以设置模型输出的物质种类和高度层的范围，并将小时浓度写入到 CCTM 输出的 CONC 文件。这种选项提供了一种减小输出浓度文件大小的方法。

```
#>output files and directories
set OUTDIR     = SM3DATA/cctm
if (  ! -d "SOUTDIR"  ) mkdir -p SOUTDIR
set CONCfile   = SEXEC.SAPPL.CONC.SSTDATE.ncf          # CTM_CONC_1
set ACONCfile  = SEXEC.SAPPL.ACONC.SSTDATE.ncf         # CTM_ACONC_1
set CGRIDfile  = SEXEC.SAPPL.CGRID.SSTDATE.ncf         # CTM_CGRID_1
set DD1file    = SEXEC.SAPPL.DRYDEP.SSTDATE.ncf        # CTM_DRY_DEP_1
set WD1file    = SEXEC.SAPPL.WETDEP1.SSTDATE.ncf       # CTM_WET_DEP_1
set WD2file    = SEXEC.SAPPL.WETDEP2.SSTDATE.ncf       # CTM_WET_DEP_2
set SS1file    = SEXEC.SAPPL.SSEMIS1.SSTDATE.ncf       # CTM_SSEMIS_1
set AV1file    = SEXEC.SAPPL.AEROVIS.SSTDATE.ncf       # CTM_VIS_1
set AD1file    = SEXEC.SAPPL.AERODIAM.SSTDATE.ncf      # CTM_DIAM_1
set PA1file    = SEXEC.SAPPL.PA_1.SSTDATE.ncf          # CTM_IPR_1
set PA2file    = SEXEC.SAPPL.PA_2.SSTDATE.ncf          # CTM_IPR_2
set PA3file    = SEXEC.SAPPL.PA_3.SSTDATE.ncf          # CTM_IRP_3
set IRR1file   = SEXEC.SAPPL.IRR_1.SSTDATE.ncf         # CTM_IRR_1
set IRR2file   = SEXEC.SAPPL.IRR_2.SSTDATE.ncf         # CTM_IRR_2
set IRR3file   = SEXEC.SAPPL.IRR_3.SSTDATE.ncf         # CTM_IRR_3
set RJ1file    = SEXEC.SAPPL.RJ_1.SSTDATE.ncf          # CTM_RJ_1
set RJ2file    = SEXEC.SAPPL.RJ_2.SSTDATE.ncf          # CTM_RJ_1
```

7. 设置“ACONC_BLEV_ELEV”环境变量

通过设置该变量可以控制模型模拟的化学种类的层数范围，CCTM 可以创建运行时间段里面的积分平均浓度文件，CCTM 除了默认创建小时浓度文件(hourly concentration files)，还创建沉降文件(deposition files)与气溶胶文件(aerosol files)，ACONC_BLEV_ELEV 环境变量默认值为“1 1”，可以根据自己的需求进行使用。如要将模拟层设置为从第 3 层到第 5 层则可以设置为“setenv ACONC_BLEV_ELEV＝‘3 5’”。

```
#>  layer range for standard conc
#setenv CONC_BLEV_ELEV  "  1  4"
```

8. 设置“ACONC_END_TIME”环境变量

ACONC_END_TIME 环境变量主要用于指定 ACONC 文件上是否设置为每小时开始或结束的时间标志(time stamp)。默认是在每个小时开始时为 ACONC 文件加上时间标志(time stamp)。通过设置变量“T”或“Y”在每个小时结束时对 ACONC 文件更改时间标志(time stamp)。

9. 设置“CTM_MAXSYNC 和 CTM_MINSYNC”环境变量

“CTM_MAXSYNC 和 CTM_MINSYNC”环境变量主要为模型设置最大与最小的同步时间步长,其最大同步时间步长要根据不同模拟 domain 的网格分辨率作出调整减小默认的最大值。720s 的步长可以提高模型精度,但是同时也会对模型的运行造成损耗。虽然对于 CCTM 如何设置 CTM_MAXSYNC 没有经验法则,但通常将其设置为 toward the upper limit of,模型将在解决方案上收敛的上限是实用的。

```
#>  max sync time step   (sec)   (default is 720)

#setenv CTM_MAXSYNC  300
```

10. 设置 KZMIN 环境变量

CMAQ 功能是可以使用城市和农村土地利用类型的动态最小垂直扩散率(minimum vertical diffusivity)。KZMIN 环境变量可以控制在 CMAQ 模型模拟期间是否调用此功能。CMAQ 中的此功能需要定义网格单元的城市分数附加气象变量。而城市土地利用分数变量 PURB 可用于 MM5 或 WRF 生成的气象数据。默认情况下,CMAQ 中将 KZMIN 设置为“TRUE”。如果要停用此设置,必须手动将 KZMIN 环境变量添加到 CCTM 运行脚本并将其设置为“F”。

```
#>  KZMIN

setenv KZMIN F
```

11. 设置 OCEAN_1 环境变量

OCEAN_1 环境变量主要是用来指向使用 aero4 或 aero5 气溶胶模块编译 CCTM 时所需的可选 ocean mask CCTM 输入文件。Ocean file,也称为海盐模块,主要是用来识别建模领域中海盐排放的网格单元。

```
#>  input files and directories
```

```
set OCEANpath  = SM3DATA/emis/2001
set OCEANfile  = us36_surf.40x44.ncf
```

运行脚本的其他变量主要是设置CCTM的文件输出路径和位置。除此之外在cctm运行模块中可以根据要求添加所需要的变量。

5.6.4 执行CCTM运行脚本(run script)

调用命令./run.cctm运行cctm运行脚本，并查看日志文件和输出文件，若日志文件末端出现“>>--->Program completed successfully <---<<”，则说明cctm运行脚本运行成功，在输出目录下会看到相关输出文件。

```
cma18n02:/cmb/g5/wangyq/MODEL_wuhan/CMAQv4.7.1_bak/data/cctm/20150319 11
total 14659968
-rw-rw-rw-  1 wangyq iac 279625036 Nov 5 06:33 CCTM_ela_AIXACONC.ela_2015078
-rw-rw-rw-  1 wangyq iac 279625036 Nov 5 06:52 CCTM_ela_AIXACONC.ela_2015079
-rw-rw-rw-  1 wangyq iac 279625036 Nov 5 07:09 CCTM_ela_AIXACONC.ela_2015080
-rw-rw-rw-  1 wangyq iac   8234904 Nov 5 06:33 CCTM_ela_AIXAEROVIS.ela_2015078
-rw-rw-rw-  1 wangyq iac   8234904 Nov 5 06:52 CCTM_ela_AIXAEROVIS.ela_2015079
-rw-rw-rw-  1 wangyq iac   8234904 Nov 5 07:09 CCTM_ela_AIXAEROVIS.ela_2015080
```

5.7 运行WPS

运行WRF Preprocessing System(WPS)有如下三个步骤。

(1) 利用GEOGRID模块确定一个模式的最外层区域(最外围的范围)及其他嵌套区域。

(2) 利用UNGRIB把模拟期间所需的气象要素场从GRIB资料集中提取出来。

(3) 利用METGRID把上述的气象要素场(第二步所做的工作)水平插值到模式区域(第一步所做的工作)中。

当多个模拟在同一区域重复进行时，只需要做一次第一步的工作即可(也就是说geogrid.exe所做出的地形资料geo_em.d0*.nc可以重复利用)；因此，只有随时间改变的数据才需要在每次模拟时用第二、三步来处理。类似地，如果在多次模拟中，气象数据是类似的，但是地形区域却不断改变的话，那第二步是可以省略的。下面是各个步骤的详细说明。

1. 确定模式区域

如果 WPS 安装成功，会在 WPS 根目录下出现三个可执行程序：geogrid. exe、ungrib. exe 和 metgird. exe(原程序在各自的同名子目录下)的链接。除了这三个可执行程序的链接，还有一个 namelist. wps 文件。

模式的最外层区域和其他嵌套区域都是在 namelist. list 中 GEOGRID 记录里设置的，另外，在 share 记录里也有需要设置的参数。

为了总结一些与 GEOGRID 有关的 share 记录中的典型改变，首先选择与 WRF 的动力核有关的 wrf_core。如果 WPS 要为 ARW(advanced research WRF)模拟而运行，那么 wrf_core 就设成"ARW"，如果要为 NMM(nonhydrostatic mesoscale model)模拟的话，则设成"NMM"。当选择好动力内核后，接下来选择 max_dom，即区域(最外层的一个＋嵌套数)的总数(当 wrf_core＝"ARW")或者嵌套的层次(当 wrf_core＝"NMM")。因为 GEOGRID 生成的仅仅是时间独立的数据，所以 start_date、end_date 和 interval_seconds 这些参数将被其忽略。

另外，还有一些可选的选项，如 opt_output_from_geogrid_path，如果设成默认值，则由 geogrid. exe 生成的地形文件将被放到当前工作目录(WPS 的主目录)，如果想放到别的目录下，则根据需要修改即可；io_form_ geogrid 则是设置地形数据输出格式的。在 GEOGRID 的记录部分，是关于模拟区域投影的设置，同时也设置了模式格点的大小和所在位置。模式所用的地图投影方式由 map_proj 来设置。

如果 WRF 是在一个局地区域里运行，那最外层区域位置则是通过 ref_lat 和 ref_lon 来定位，它们分别确定了最外层区域的纬度与经度。如果也要处理嵌套区域，则它们的位置是通过 i_parent_start 和 j_parent_start 来确定；接下来，最外层区域的维数由 dx 和 dy 来确定，它们分别确定了 x 轴和 y 轴上标准格距的长度，而 e_we 和 e_sn 则分别给出了 x 轴(东西方向)和 y 轴(南北方向)上的格点数；对应"lambert""mercator"和"polar"投影方式，dx 和 dy 的单位是"米"，对于"lat-lon"投影方式，dx 和 dy 的单位则是度。对于嵌套区域，只有 e_we 和 e_sn 可以用来确定格点的维数，格点的 dx 和 dy 是不能被设定的，因为它们的值已经被 parent_ grid_ratio 和 parent_id 所决定了，这两个参数分别确定了嵌套的上一级区域（父区域）的格点距离与嵌套的格点距离的比值和嵌套的上一级区域的 ID。

对于全球的模拟，最外层区域的覆盖范围就应该是全球，所以 ref_lat 和 ref_lon 就不再被使用，而且 dx 和 dy 也不应该再被设置，因为这个格距将根据格点数被自动计算出来。同样需要注意的是，经纬度投影（map_proj＝“lat-lon”）是 WRF 中唯一支持全球区域（全球模拟）的投影方式。

除了设置与模式区域的投影方式、位置和覆盖范围有关的参数，静态数据集的路径也必须通过参数 geog_data_path 被正确地设置。同样，用户可能会通过设置 geog_data_res 参数来选择静态数据的分辨率以便于求出 GEOGRID 的差值，而分辨率的值要与 GEOGRID. TBL 中的数据分辨率吻合。

根据 wrf_core 所设值的不同，GEOGRID 需要不同的 GEOGRID. TBL 与之对应，因为 WPS 会根据动力内核的不同插值出不同的网格。如果 wrf_core＝“ARW”，则应该使用 GEOGRID. TBL. ARW；如果是 wrf_core＝“NMM”，则相应地要用 GEOGRID. TBL. NMM。可以通过链接正确的 GEOGRID. TBL 文件来正确使用它，原始的文件放在 GEOGRID 目录里（另一种方法是通过 opt_ geogrid _ tbl_path 参数来设定文件的位置来使用它）。

在 namelist. wps 中设置了合适的模拟和嵌套区域，geogrid. exe 就可以处理地形文件了。在 ARW 的个例中，地形文件被命名为 geo_em. d0N. nc，其中每个文件中的 N 代表嵌套的序号。当运行 NMM 个例时，最外层区域（外围区）的地形数据文件的名字为 geo_nmm. d01. nc，嵌套的文件则是 geo_nmm_nest. 10N. nc，其中 N 代表嵌套的级数。还需要注意的是，文件的后缀会随参数 io_form_ GEOGRID 设定的不同而不同，并且 WPS 的主目录下会出现地形文件（或者出现在 opt_output_from_ geogrid _path 所设定的目录下）。如果没有出现，可以通过检查 geogrid. log 来找出可能的失败原因。

2. 利用 UNGRIB 从 GRIB 文件中提取气象要素场气象数据

当已经下载了 GRIB 格式的气象数据后，提取要素场以转成过渡格式的第一步所要做的参数设置涉及“share”和“UNGRIB”两个部分。

在“share”部分，与 UNGRIB 有关的参数是最外层区域的开始和结束时间（start_date 和 end_date；或者 start_year、start_month、start_day、start_hour、end_year、end_month、end_day 和 end_hour）以及气象数据文件的时间间隔（interval_ seconds)。在“UNGRIB”部分，参数 out_format 是用来设置过渡数据文件的格式的；METGRID 程序可以读任何一个被 UNGRIB 支持的格式，因此虽然“WP”是被推荐的格式，但是“WPS、SI、MM5”中的任何一个都可以作为选项被选择；另外，用户可以通过设置 prefix 参数来确定过渡数据文件的保存路径和前缀。例如，如果 prefix 被设成“ARGRMET”，那过渡数据的文件名就是 ARGRMET：YYYY-MM-DD_HH，其中 YYYY-MM-DD_HH 是文件中数据的真实日期。

在合理地修改了 namelist. wps 文件后，VTABLE 文件也是需要事先被提供的，并且 GRIB 文件也要被链接(复制)到 UNGRIB. exe 所期望的目录下(一般是 WPS 的主目录，如果 WPS 被安装成功的话)。如果 WPS 要处理气象数据，就要在 VTABLE 的辅助下进行才行，即使 Vtable 仅仅被象征性地以 VTABLE 来命名并链接到 UNGRIB. exe 所期望的目录下(一般是 WPS 的主目录)。

UNGRIB 程序将尝试以 GRIBFILE. AAA，GRIBFILE. AAB，…，GRIBFILE. ZZZ 这样的文件名来读取 GRIB 数据。为了能把 GRIB 数据链接到合适的目录，并以这些名字来命名，程序提供了一个 shell 的脚本 link_grib. csh。这个脚本通过读取一个以 GRIB 数据文件名为列表的命令行参数来完成上述工作。

修改完 namelist. wps 并链接了合适的 VTABLE 和正确的 GRIB 文件后，ungrib. exe 就可以被执行以生成过渡数据格式的气象数据文件了。因为 UNGRIB 程序会产生一个数量相当可观的输出，所以这个操作是被推荐的，这样可以把输出间接地输入到一个名字为 ungrib. output 的文件中。如果 ungrib. exe 运行成功，过渡数据文件将会在正确的目录中出现。

3. 利用 METGRID 进行气象数据水平插值

最后一步运行 WPS 时，气象数据被 UNGRIB 水平插值到 GEOGRID 的模拟格点上。为运行 METGRID，必须编辑 namelist. wps 文件。具体而言，“share”和“METGRID”的 namelist 记录与 METGRID 程序密切相关。

通过这一点而言，一般不需要改变任何“share”namelist 中的记录，因为这些变量已在前面的步骤中妥当设置。但是，如果“share”namelist 在运行 GEOGRID 和 UNGRIB 时没有编辑好，那么，WRF 模型的核心动力、区域数目、开始与结束时间、气象数据的间隔、对静态区域文件的路径必须在“share”namelist 的记录中设置好，如运行 GEOGRID 和 UNGRIB 的步骤所描述。

在“METGRID”名目记录中，中间气象数据的路径和前缀必须在 fg_name 中给定，完整路径和包含恒定场的中间文件的文件名可在 constants_name 变量中设定，水平插值文件的输出形式可在 io_form_metgrid 变量中指定。在“METGRID” namelist 记录中的其他变量，即 opt_output_from_metgrid_path 和 opt_metgrid_tbl_path，允许用户在 METGRID 写出插值数据文件和存放 METGRID. TBL 文件的地方定义。

由于有 GEOGRID 和 GEOGRID. TBL 文件，WRF 模型的核心的 METGRID. TBL 文件必须链接到相应的 METGRID 目录(或由 opt_metgrid _tbl_path 指定的目录，如果此变量被设置)。

```
> lsmetgrid/METGRID.TBL
lrwxrwxrwx 1 15 METGRID.TBL-> METGRID.TBL.ARW
```

恰当地修改好 namelist. wps 文件，正确地使用 METGRID. TBL 后，metgrid 就可以输入以下命令运行了

```
./metgrid.exe
```

若 METGRID 运行成功，则会有如下信息被打印在文件的最后部分：

```
! Successful completion ofmetgrid. !
```

4. METGRID 输出文件

成功运行后，METGRID 输出文件应出现在 WPS 根目录(或在 opt_output_from_metgrid_path 指定目录下，若此变量已设定)中。在 WPS 区域中，这些文件被命名为 met_em. d0N. YYYY-MM-DD_HH:mm:ss. nc，其中 N 表示文件中数据的嵌套数；而在 NMM 中命名为 met_nmm. d01. YYYY-MM-DD_HH:mm:ss. nc in，其中 YYYY-MM-DD_HH:mm:ss 表示每个文件中数据插值日期。若这些文件不存在“share”namelist 记录范围中的时间，metgrid. log 文件就会求助帮助来解决这个问题以运行 METGRID。

5.8　模拟结果与分析

1. 各排放源在不同月份的空间分布

黑碳气溶胶质量浓度的空间分布变化随时间不同而发生变化。为了研究湖北省武汉市周边黑碳气溶胶在不同月份的工业空间排放、居民点空间排放和交

通空间排放特征，本书利用中国多尺度排放清单模型数据（MEIC）结合MeteoInfo气象制图软件，分别绘制2015年7月至2016年6月武汉市及周边地区工业排放在不同月份的空间分布（图5.3）、居民点排放在不同月份的空间分布（图5.4）和交通排放在不同月份的空间排放（图5.5）。

其中，中国多尺度排放清单模型数据是一套基于云计算平台开发的中国大气污染物和温室气体人为源排放清单模型，涵盖10种主要大气污染物和温室气体（SO_2、NO_x、CO、NMVOC、NH_3、CO_2、$PM_{2.5}$、PM_{10}、BC和OC）及其700多种人为排放源，提供网格化排放清单在线计算。MeteoInfo气象绘图软件是以脚本编写和命令行交互为主的软件，用Jython语言对MeteoInfo库进行了封装，提供科学计算和绘图的功能，函数参照MATLAB、NumPy、Matplotlib实现，其集成了ArcGIS、MATLAB等软件的部分功能。在数据处理过程中通过调用MeteoInfo库中的相应函数打开MEIC数据后，通过固定高度维、经度维和纬度维，改变时间维的方式绘制工业排放、居民点排放和交通排放黑碳质量浓度在不同月份变化的空间分布图。

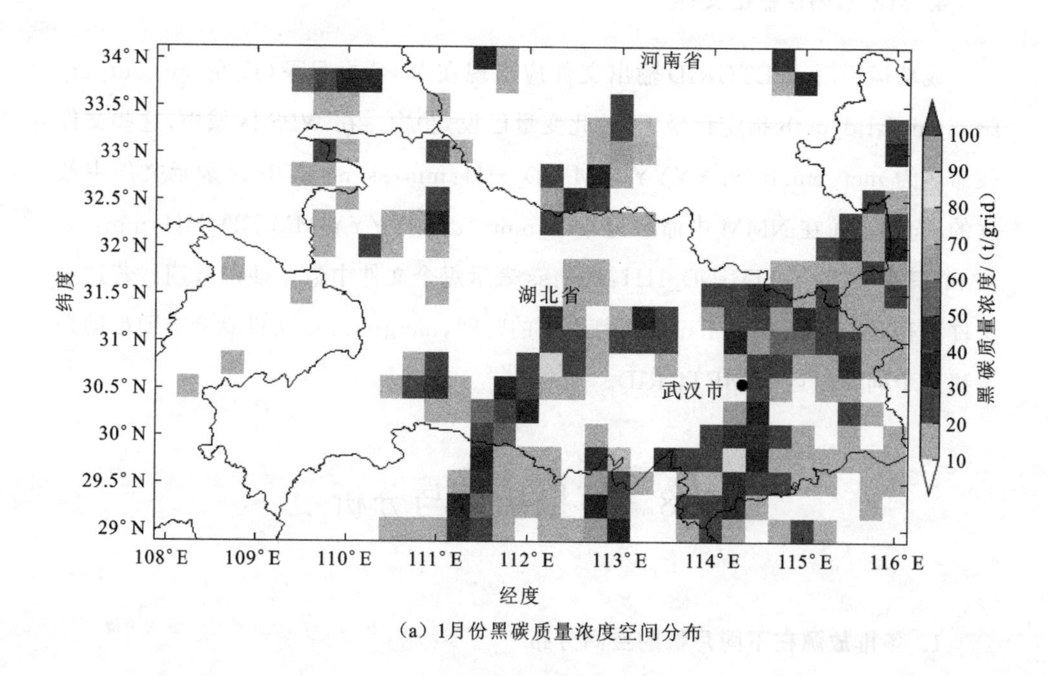

(a) 1月份黑碳质量浓度空间分布

图5.3 工业排放源中黑碳质量浓度空间分布图

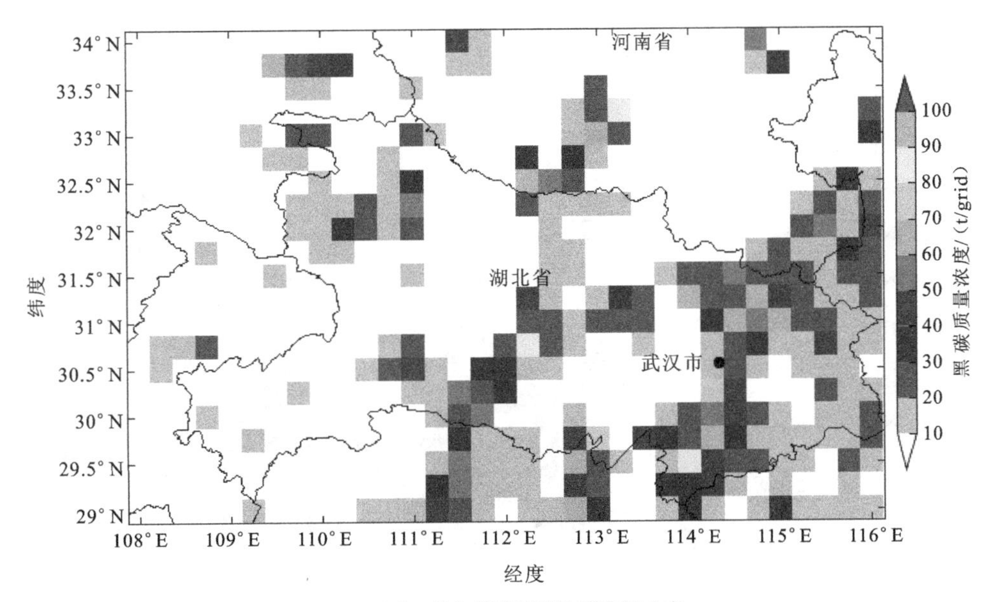

(b) 3月份黑碳质量浓度空间分布

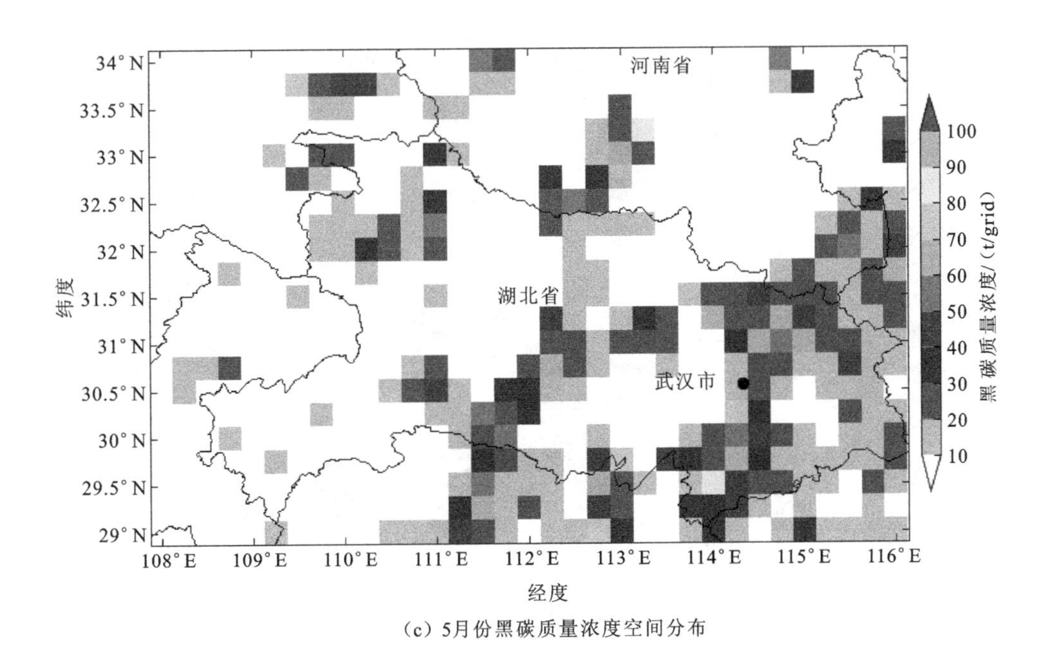

(c) 5月份黑碳质量浓度空间分布

图 5.3 工业排放源中黑碳质量浓度空间分布图(续)

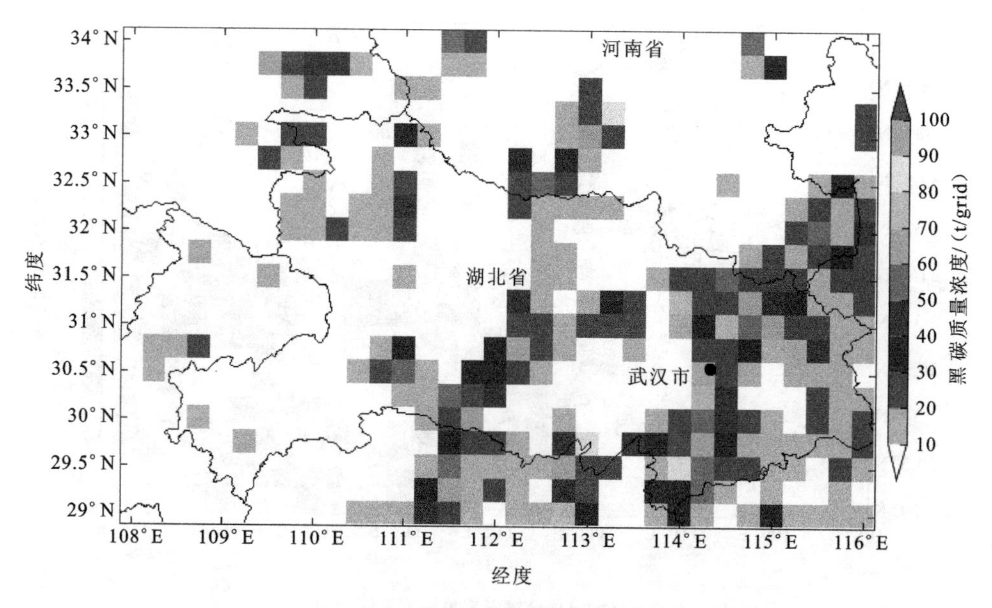

(d) 7月份黑碳质量浓度空间分布

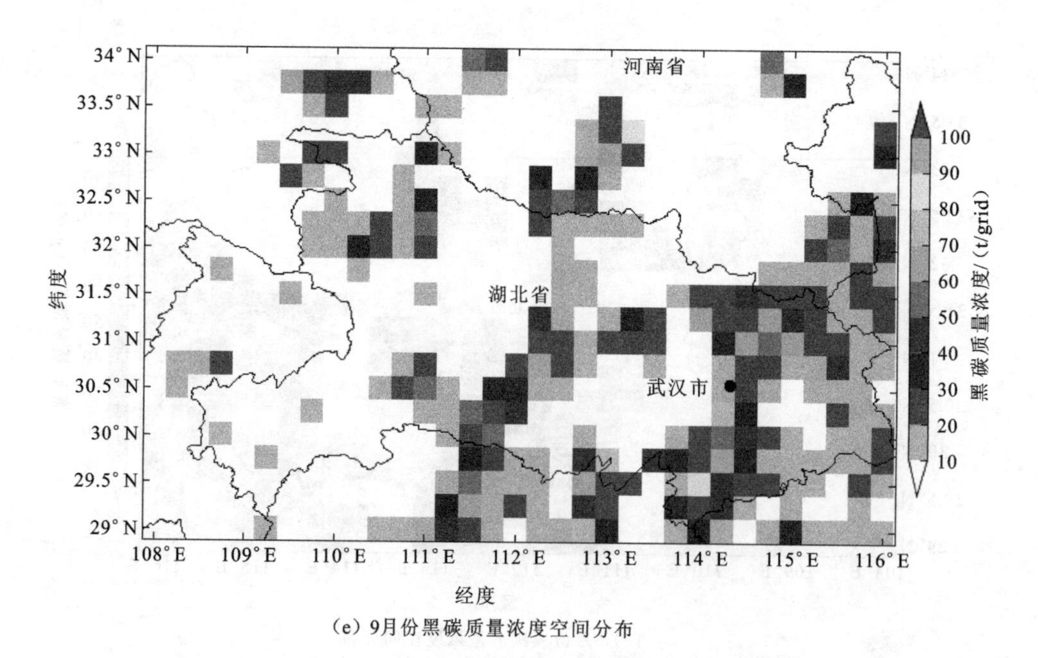

(e) 9月份黑碳质量浓度空间分布

图 5.3 工业排放源中黑碳质量浓度空间分布图(续)

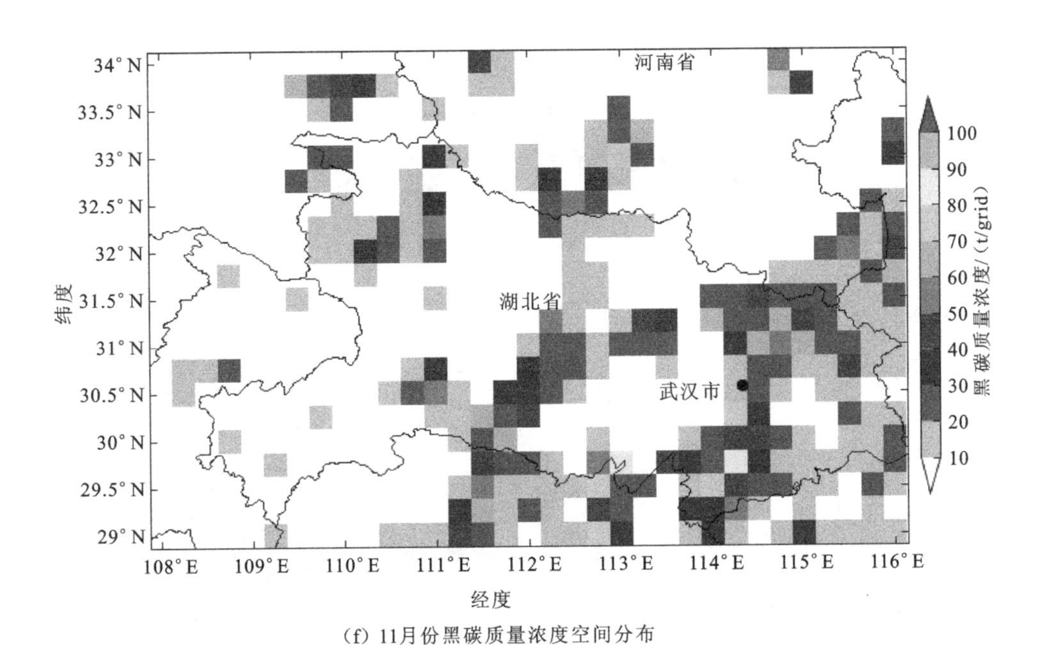

(f) 11月份黑碳质量浓度空间分布

图 5.3　工业排放源中黑碳质量浓度空间分布图(续)

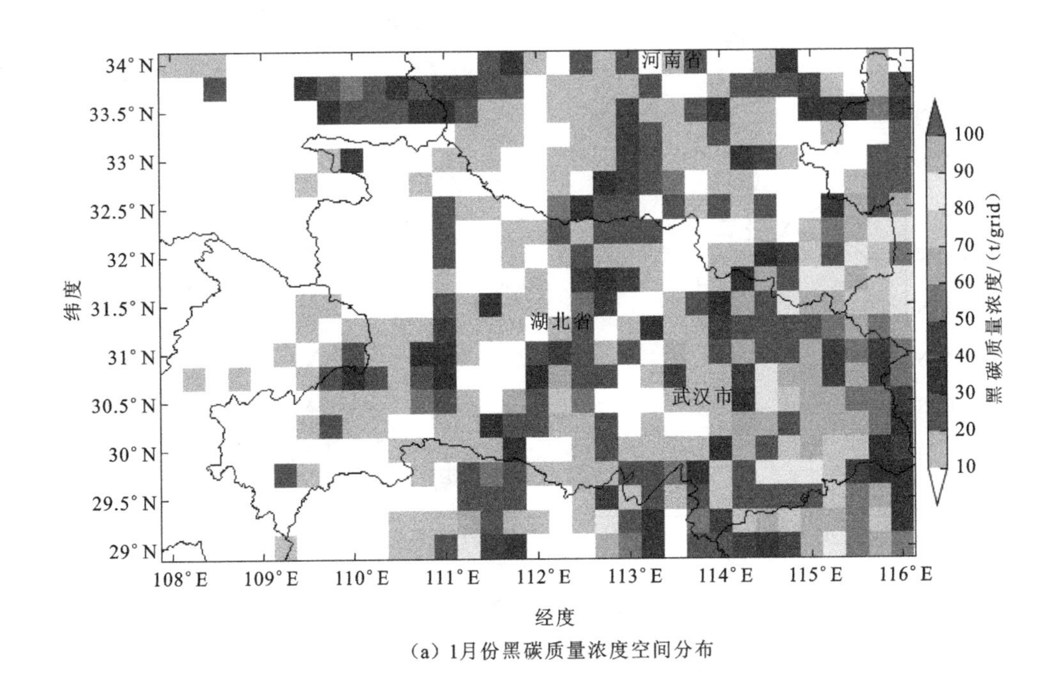

(a) 1月份黑碳质量浓度空间分布

图 5.4　居民点排放源中黑碳质量浓度空间分布图

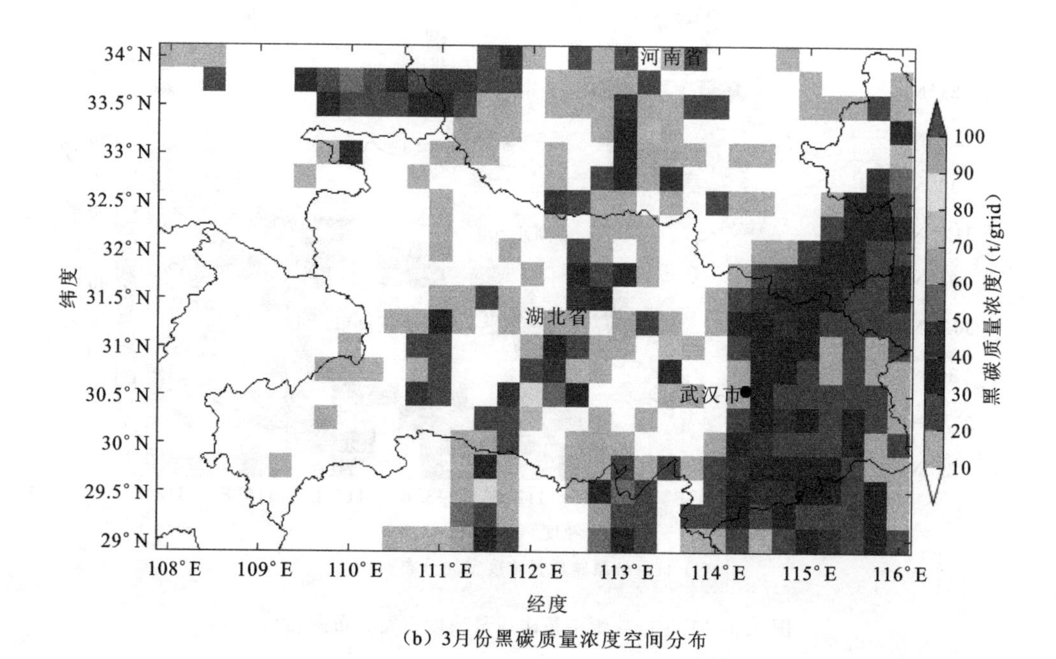

(b) 3月份黑碳质量浓度空间分布

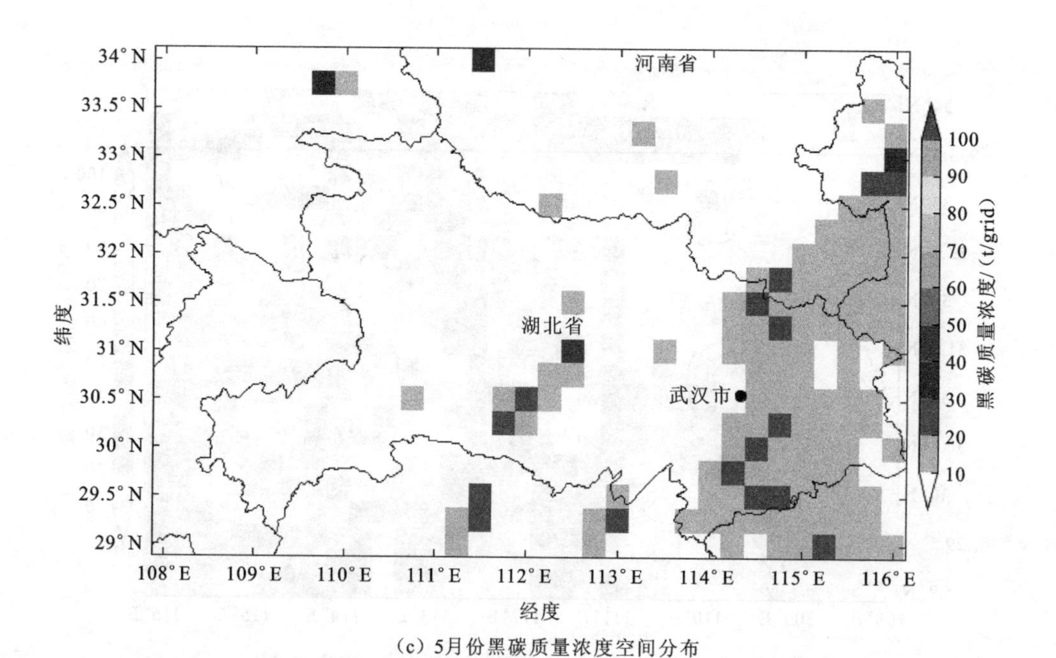

(c) 5月份黑碳质量浓度空间分布

图 5.4 居民点排放源中黑碳质量浓度空间分布图(续)

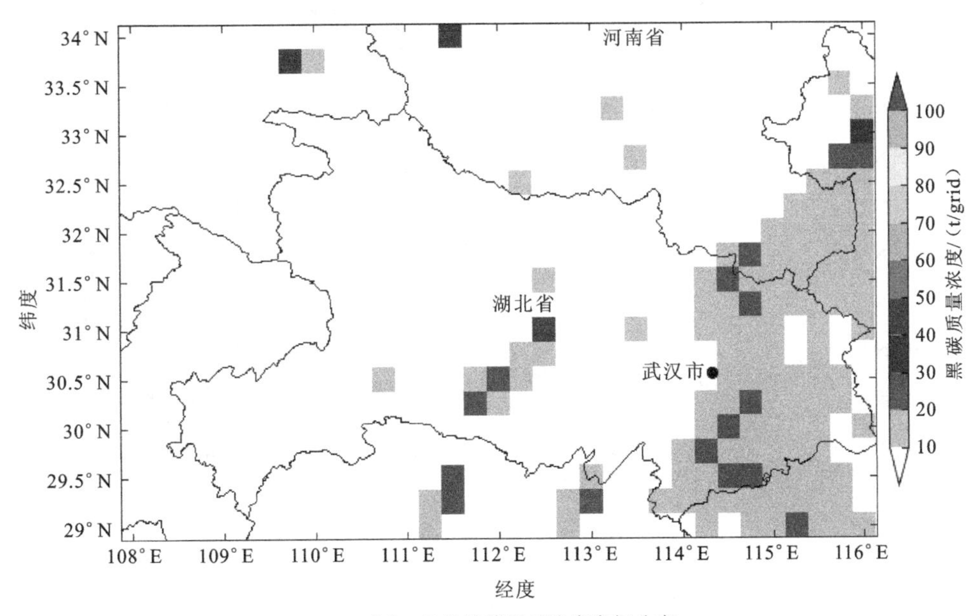

(d) 7月份黑碳质量浓度空间分布

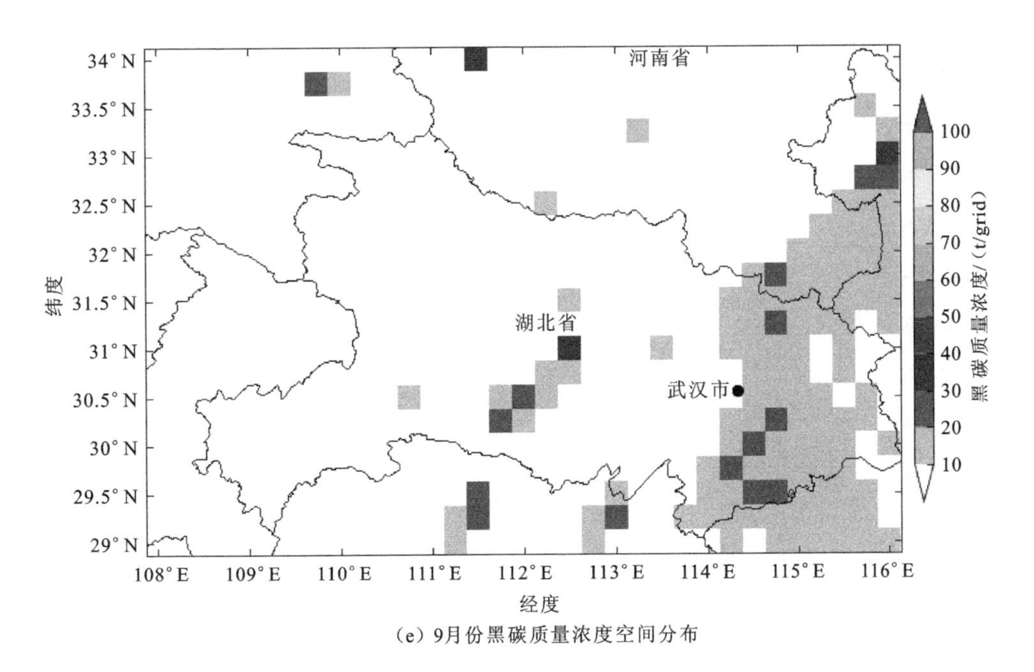

(e) 9月份黑碳质量浓度空间分布

图 5.4　居民点排放源中黑碳质量浓度空间分布图(续)

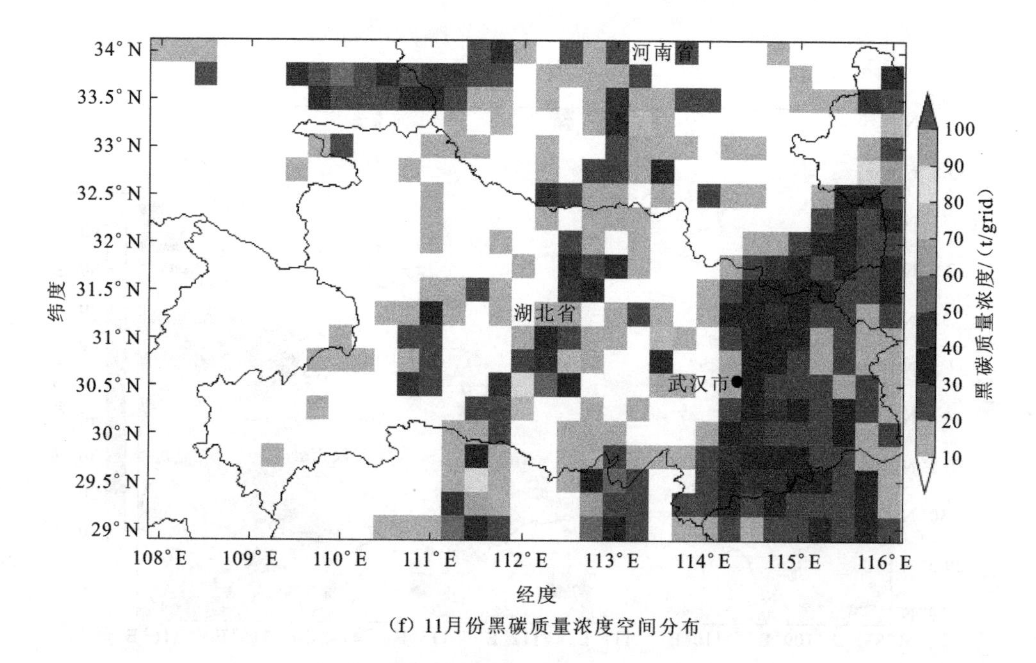

(f) 11月份黑碳质量浓度空间分布

图 5.4 居民点排放源中黑碳质量浓度空间分布图(续)

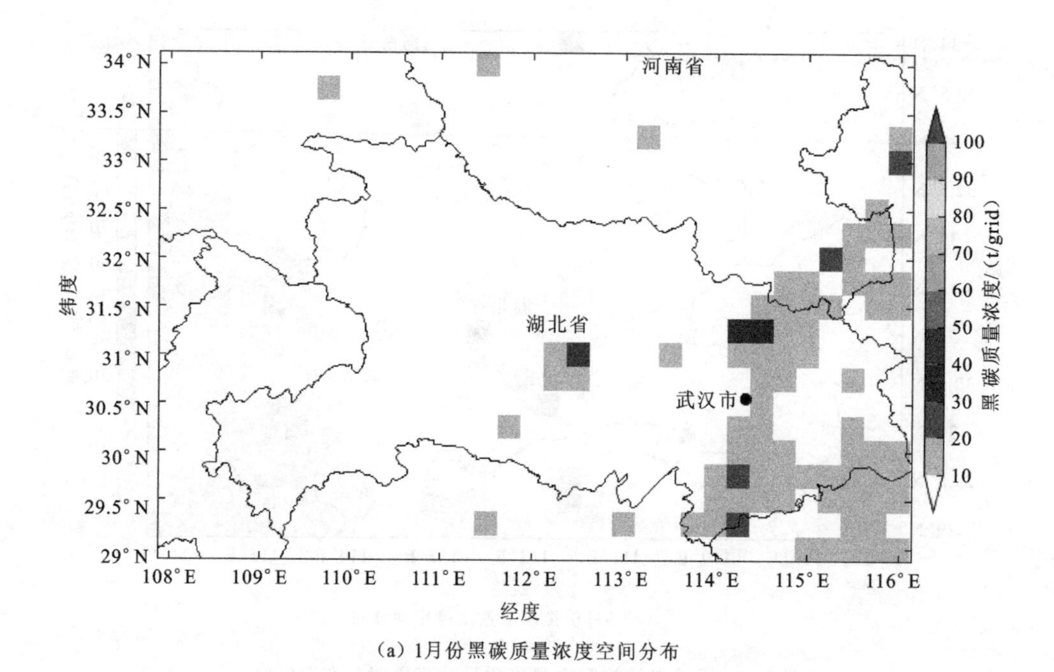

(a) 1月份黑碳质量浓度空间分布

图 5.5 交通排放源中黑碳质量浓度空间分布图

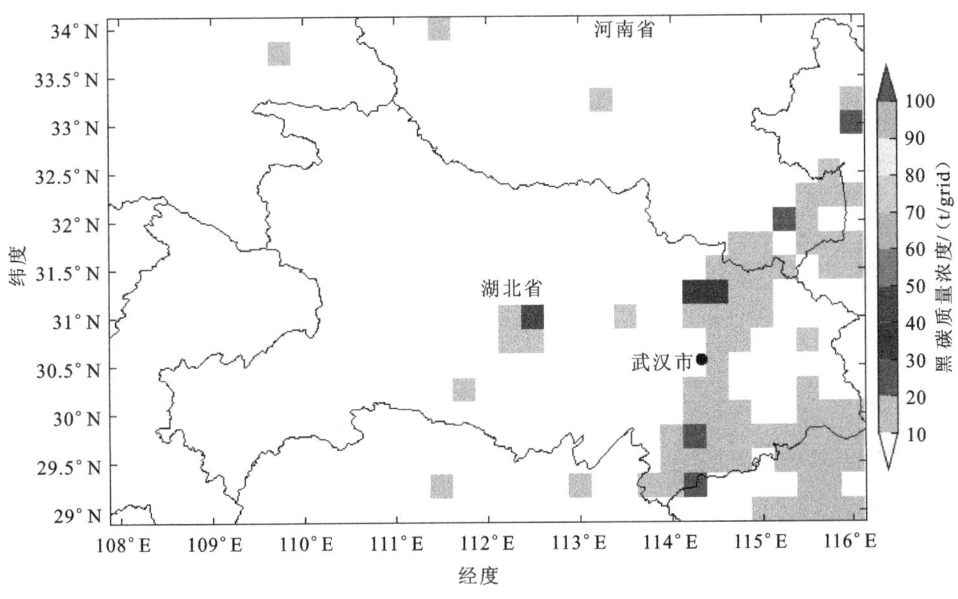

(b) 3月份黑碳质量浓度空间分布

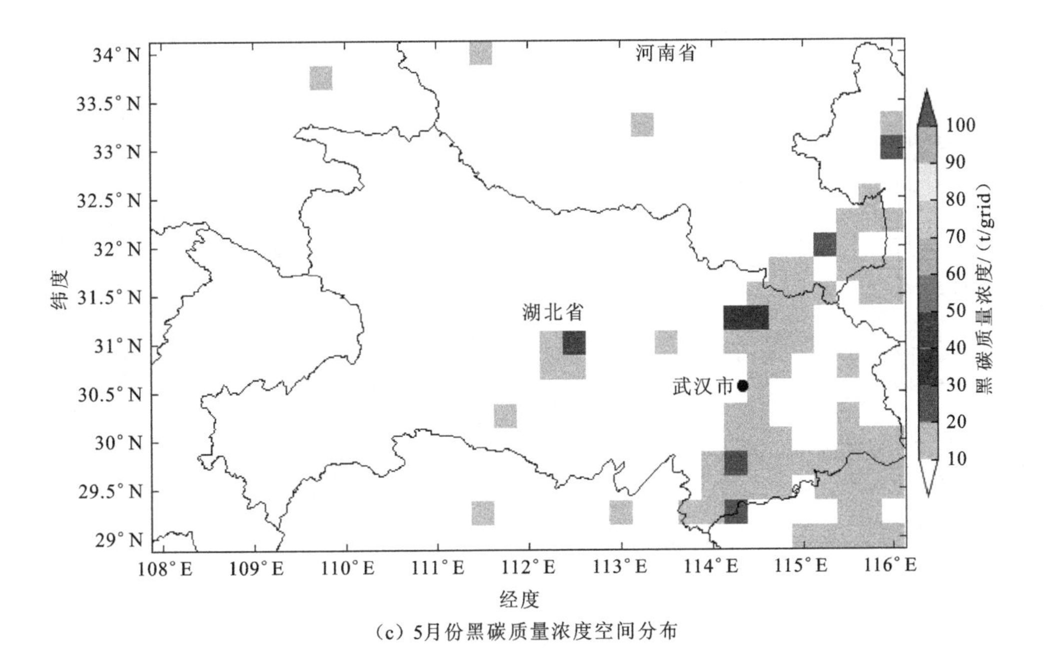

(c) 5月份黑碳质量浓度空间分布

图 5.5　交通排放源中黑碳质量浓度空间分布图(续)

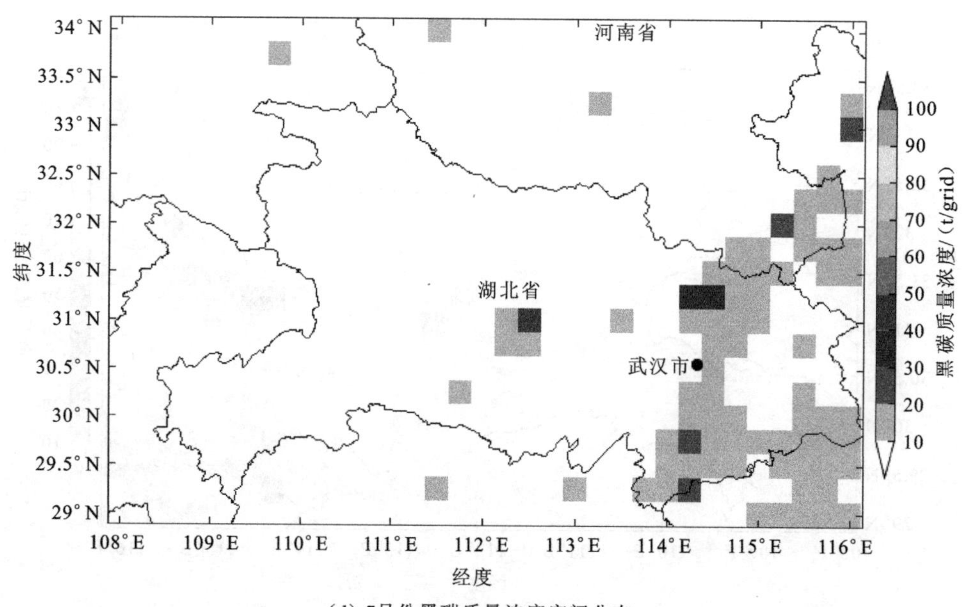

（d）7月份黑碳质量浓度空间分布

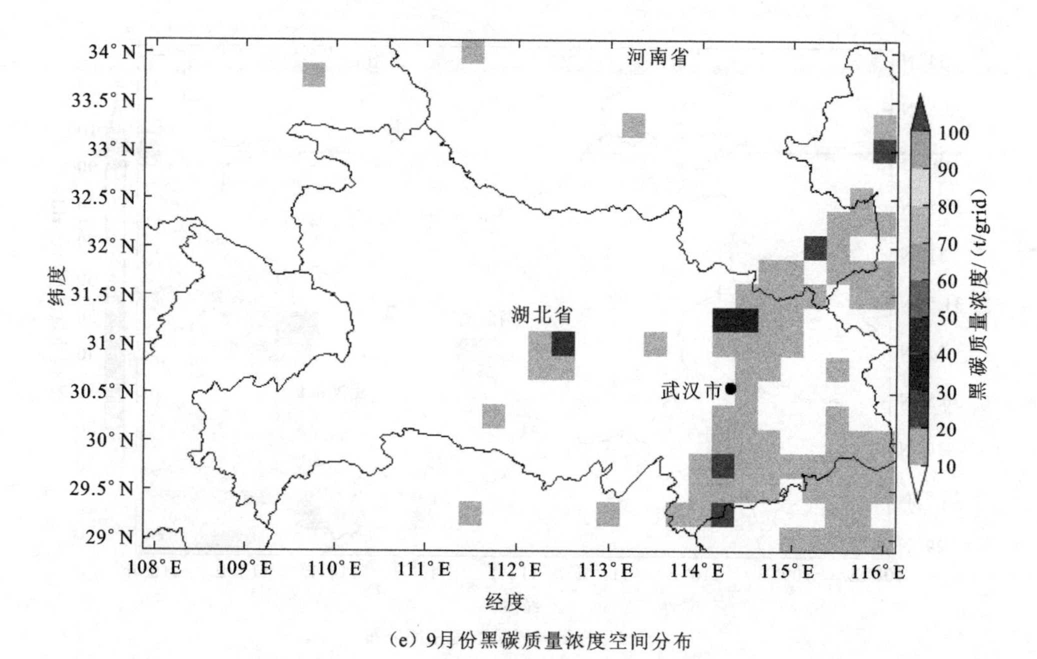

（e）9月份黑碳质量浓度空间分布

图 5.5 交通排放源中黑碳质量浓度空间分布图(续)

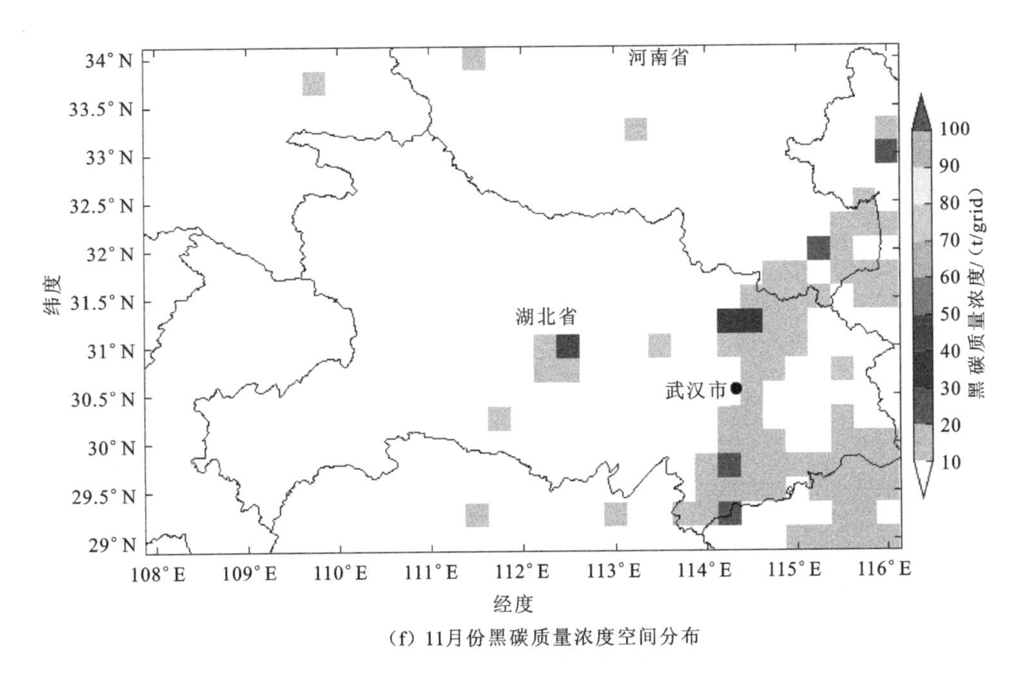

(f) 11月份黑碳质量浓度空间分布

图 5.5　交通排放源中黑碳质量浓度空间分布图(续)

2. 不同高度层上黑碳质量浓度空间分布

使用 WRF-CMAQ 气象化学耦合模式模拟输出的文件，结合 MeteoInfo 气象绘图软件根据实际需要对模拟结果进行后处理分析。本书主要研究湖北省武汉市及周边区域黑碳气溶胶质量浓度的变化规律，因此在后处理过程中只对 WRF-CMAQ 气象化学耦合模式模拟输出的文件中黑碳元素(AECI+AECJ)进行处理。本书选取了 2014 年 12 月 13 日的模拟数据作为处理对象，在后处理过程中，首先分别提取模拟数据结果文件中黑碳数据的两个分量 AECI、AECJ；然后根据 CMAQ 模型中提供的相关污染物计算公式计算得到总的黑碳质量浓度值；最后通过固定时间维、经度维、纬度维和改变高度维分别绘制 0.9880hp、0.9700hp、0.9380hp、0.8390hp、0.7020hp、0.2000hp 等不同高度层上黑碳质量浓度空间分布图(图 5.6)。

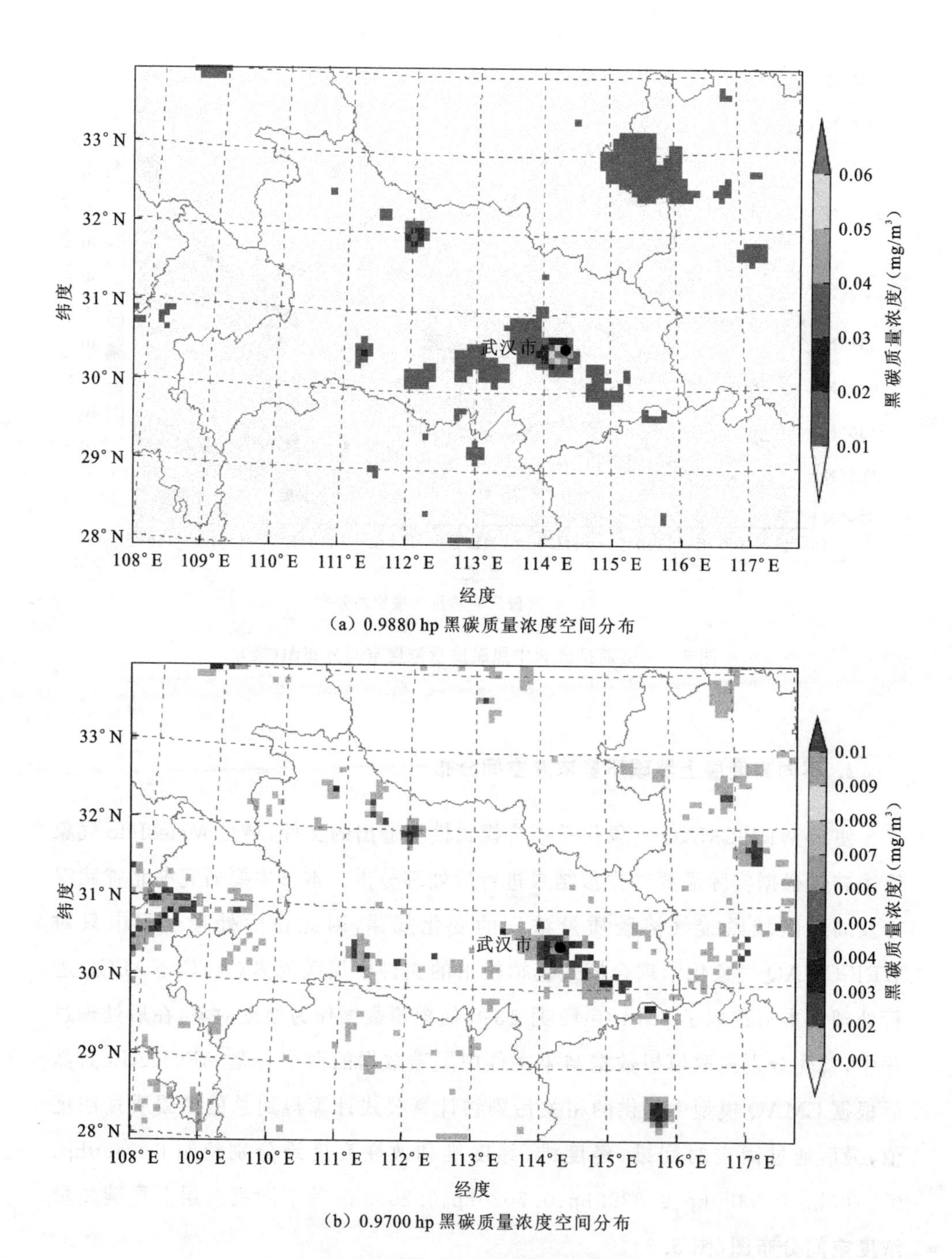

(a) 0.9880 hp 黑碳质量浓度空间分布

(b) 0.9700 hp 黑碳质量浓度空间分布

图 5.6　WRF-CMAQ 模型模拟武汉市及周边地区 2014 年 12 月 13 日黑碳质量浓度在不同高度层上的空间分布

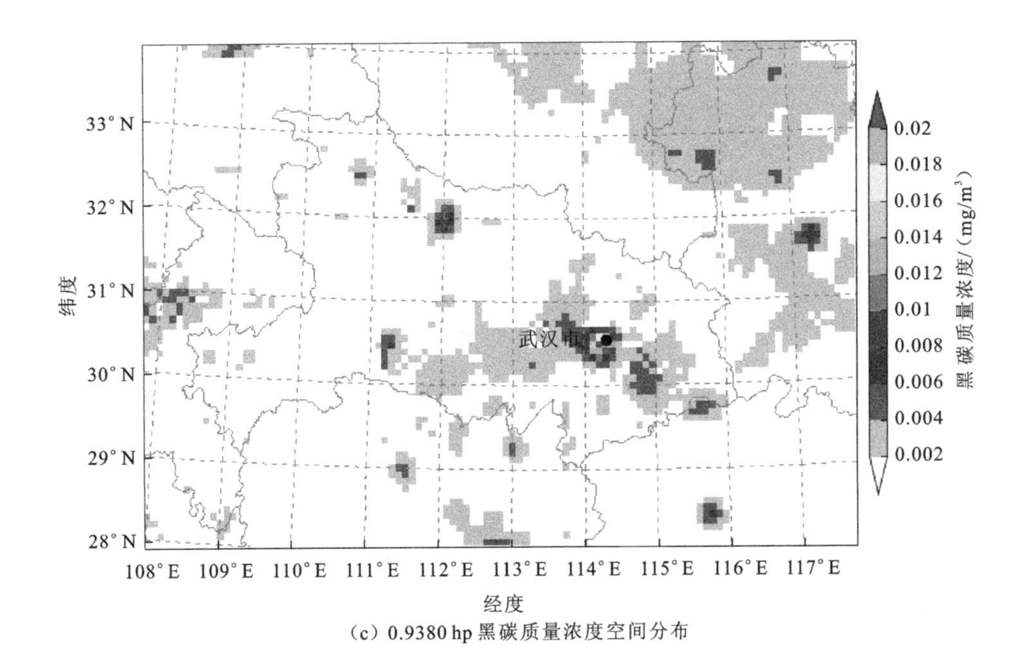

(c) 0.9380 hp 黑碳质量浓度空间分布

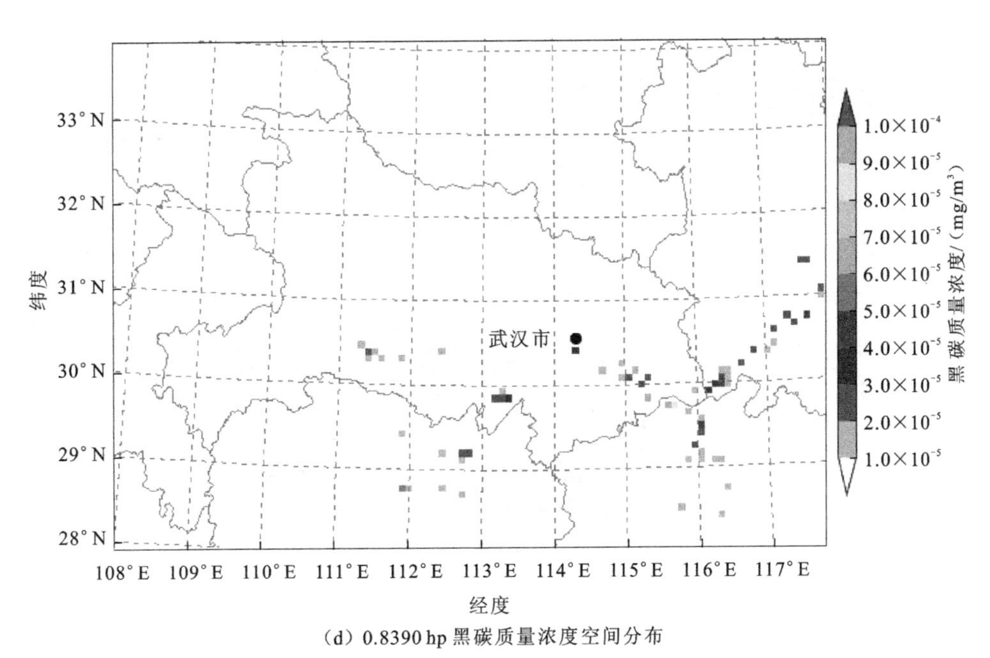

(d) 0.8390 hp 黑碳质量浓度空间分布

图 5.6 WRF-CMAQ 模型模拟武汉市及周边地区 2014 年 12 月 13 日黑碳质量浓度在不同高度层上的空间分布(续)

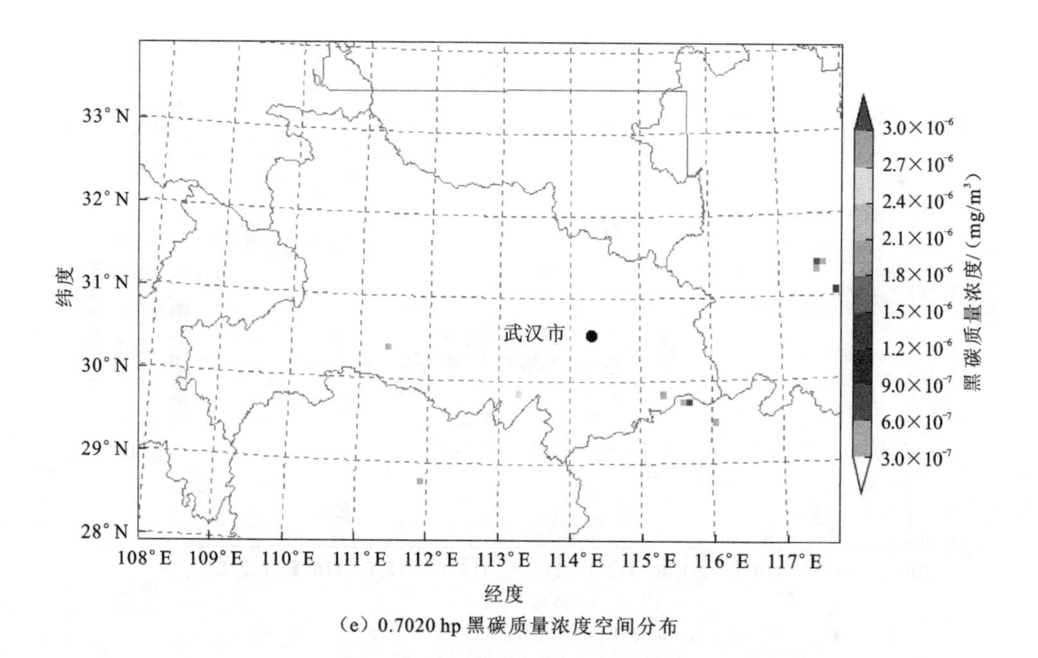

(e) 0.7020 hp 黑碳质量浓度空间分布

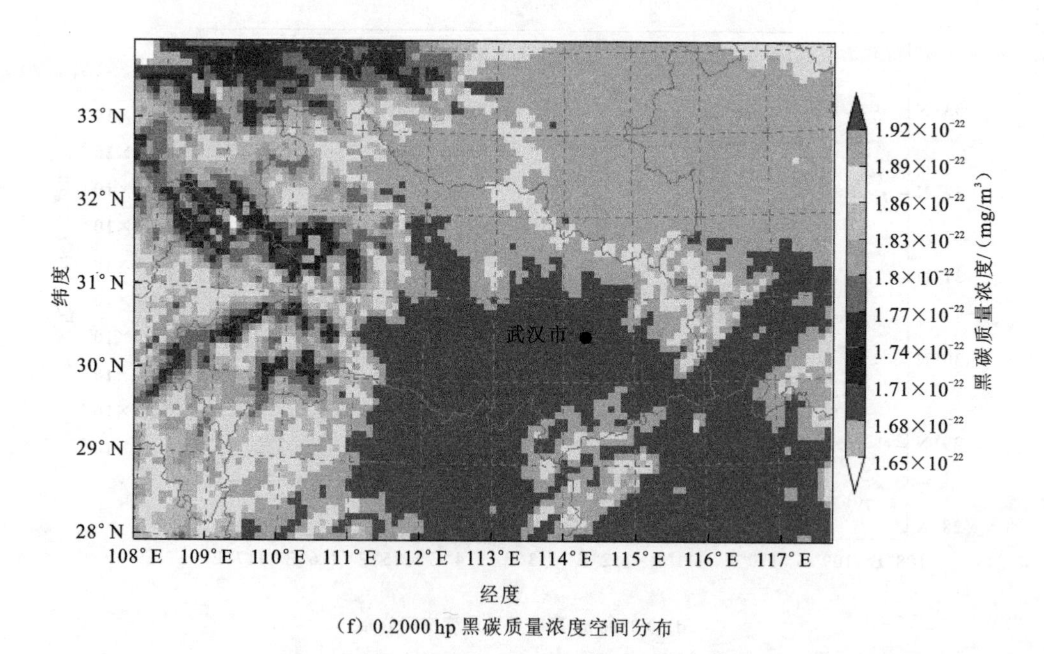

(f) 0.2000 hp 黑碳质量浓度空间分布

图 5.6 WRF-CMAQ 模型模拟武汉市及周边地区 2014 年 12 月 13 日

黑碳质量浓度在不同高度层上的空间分布(续)

3. 不同高度层上黑碳质量浓度空间分布

为了研究黑碳质量浓度随时间的变化规律，本书使用 WRF-CMAQ 气象化学耦合模型模拟输出的文件，结合 MeteoInfo 气象绘图软件根据实际需要对模拟结果进行后处理分析。因此在后处理过程中只对 WRF-CMAQ 气象化学耦合模式模拟输出的文件中黑碳元素（AECI＋AECJ）进行处理。本书选取了 2014 年 12 月 13 日的模拟数据作为处理对象，在后处理过程中，首先分别提取模拟数据结果文件中黑碳数据的两个分量 AECI、AECJ；然后根据 CMAQ 模型中提供的相关污染物计算公式计算得到总的黑碳质量浓度值；最后通过固定经度维、纬度维和改变高度维、时间维分别绘制 1.0000 hp、0.9870 hp、0.9400 hp、0.9100 hp、0.7400 hp、0.4000 hp 等不同高度层上黑碳质量浓度空间分布图（图 5.7）。

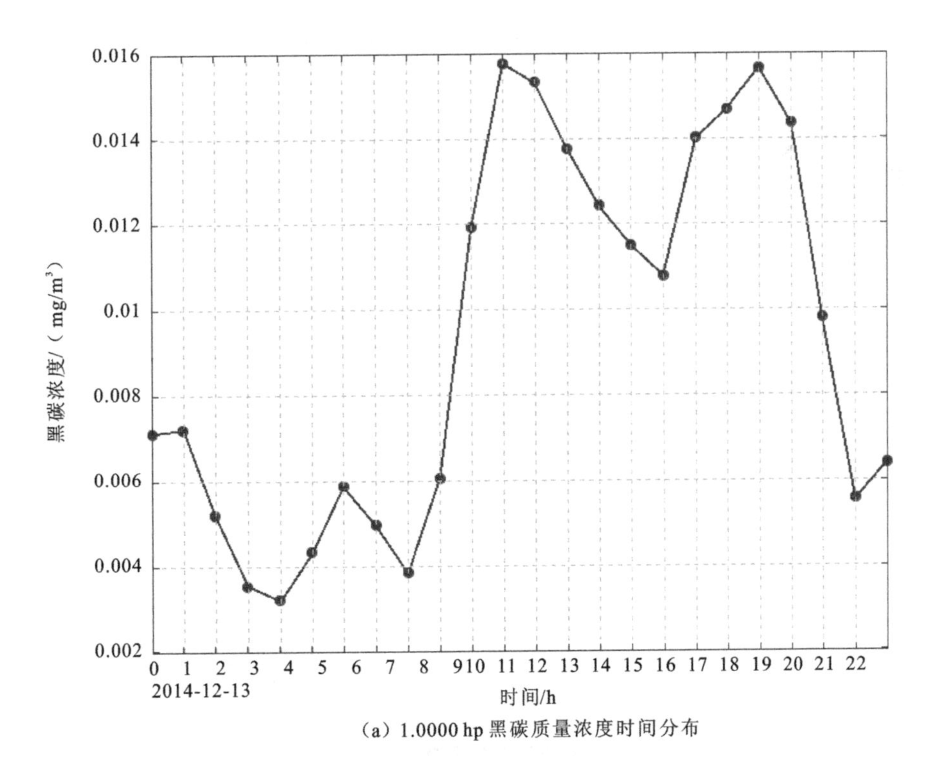

(a) 1.0000 hp 黑碳质量浓度时间分布

图 5.7　使用 WRF-CMAQ 模型模拟武汉市及周边地区 2014 年 12 月 13 日黑碳浓度时间变化规律

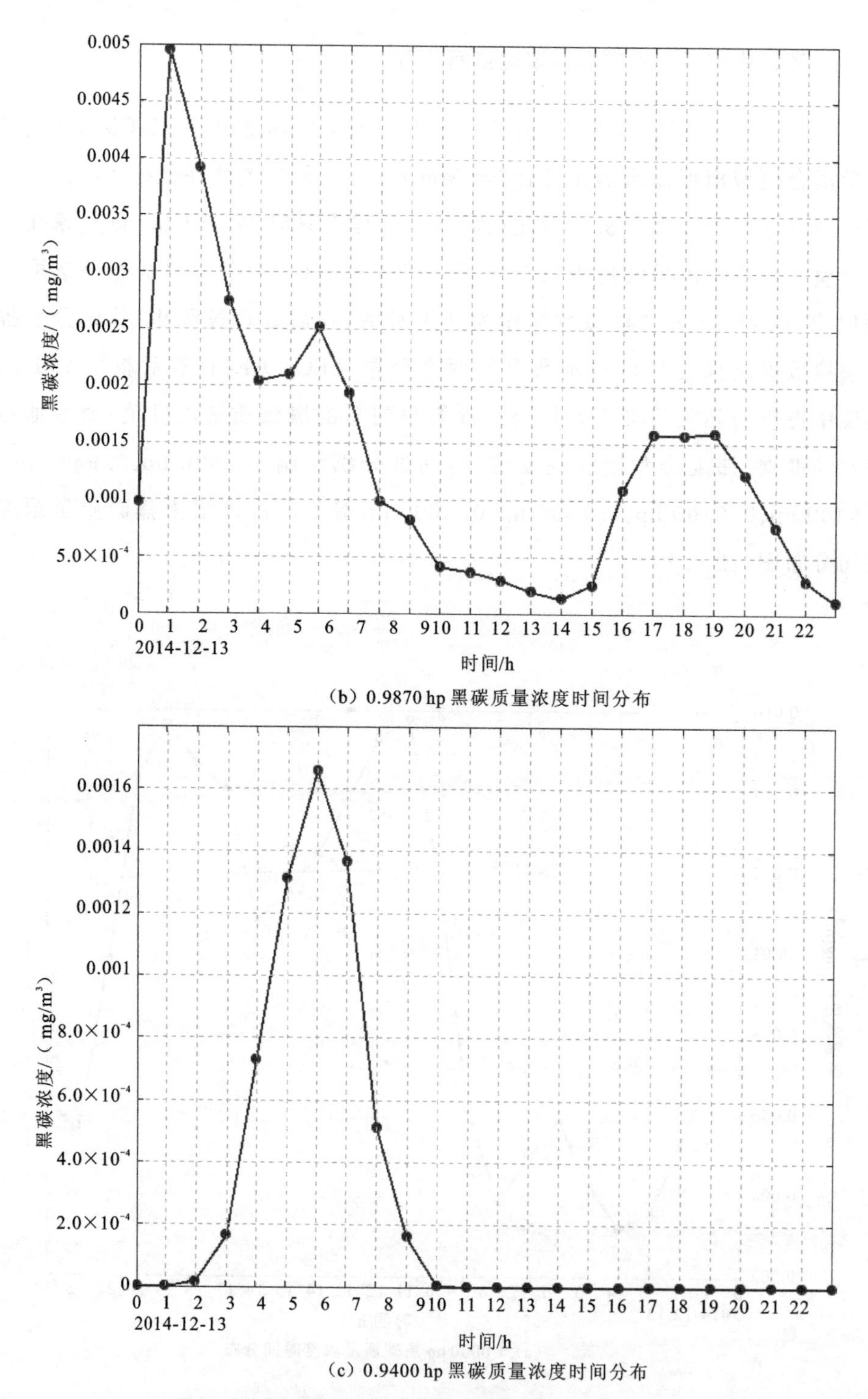

（b）0.9870 hp 黑碳质量浓度时间分布

（c）0.9400 hp 黑碳质量浓度时间分布

图 5.7　使用 WRF-CMAQ 模型模拟武汉市及周边地区

2014 年 12 月 13 日黑碳浓度时间变化规律(续)

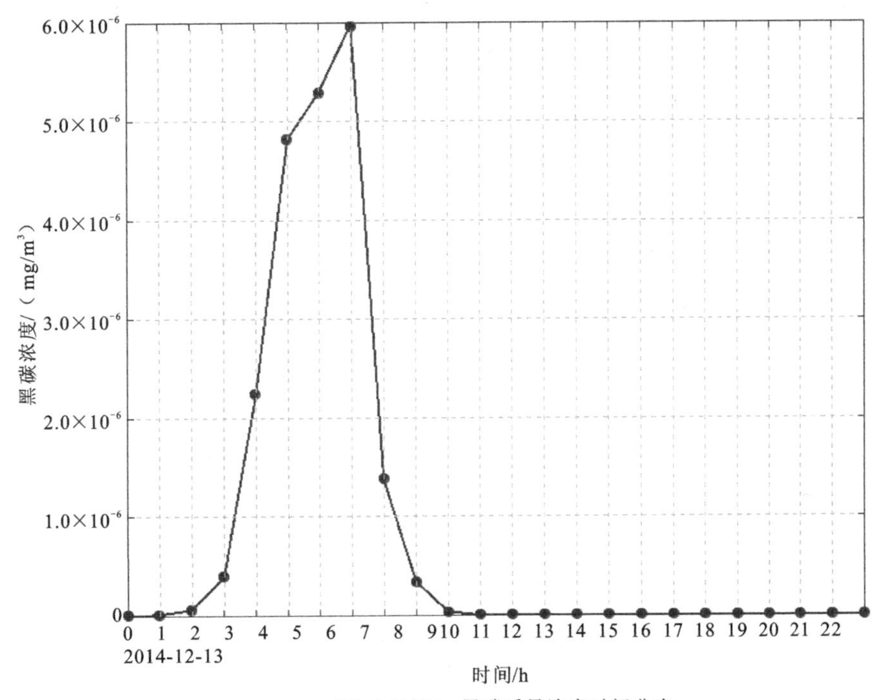

（d）0.9100 hp 黑碳质量浓度时间分布

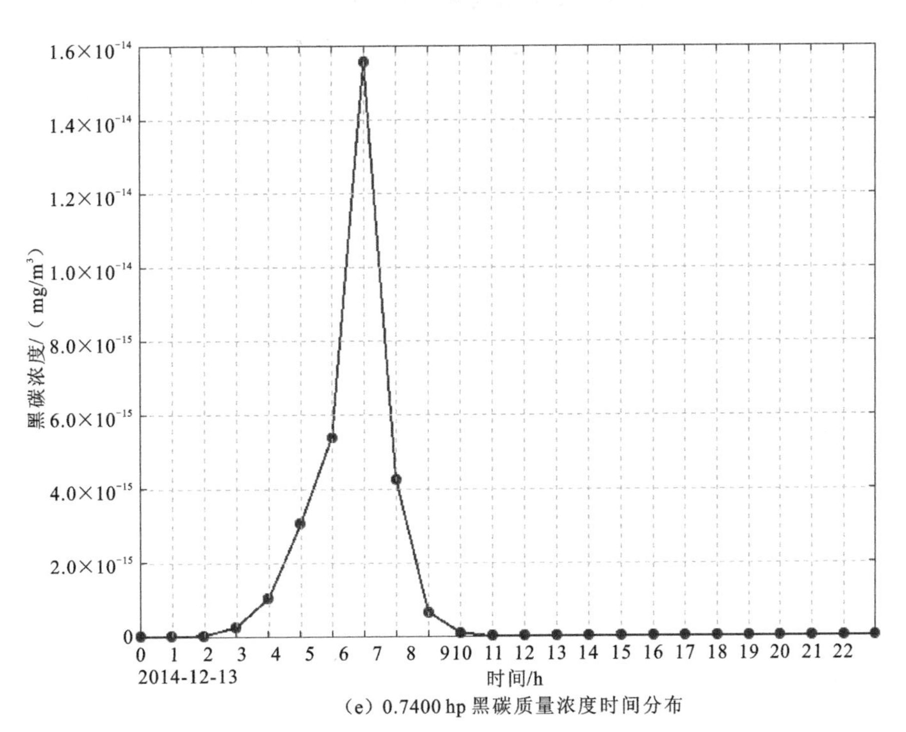

（e）0.7400 hp 黑碳质量浓度时间分布

图 5.7　使用 WRF-CMAQ 模型模拟武汉市及周边地区

2014 年 12 月 13 日黑碳浓度时间变化规律(续)

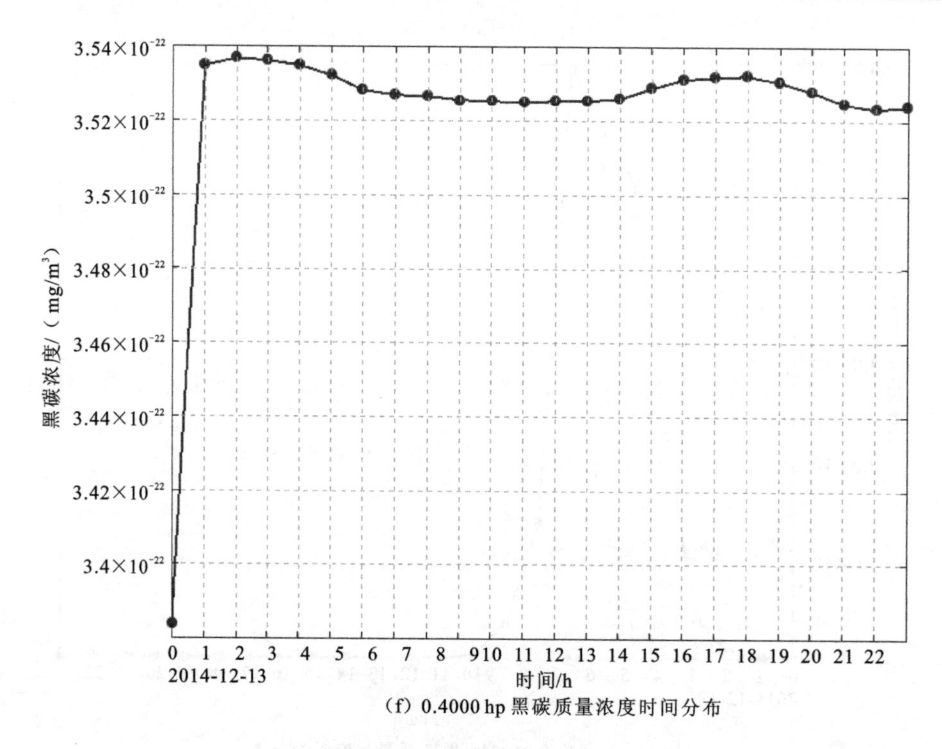

(f) 0.4000 hp 黑碳质量浓度时间分布

图 5.7 使用 WRF-CMAQ 模型模拟武汉市及周边地区

2014 年 12 月 13 日黑碳浓度时间变化规律(续)

第6章 武汉市城区黑碳浓度的模拟值与实测值的对比

6.1 实地监测条件

6.1.1 采样区

武汉是湖北省的省会，位于湖北省的中部，地理坐标为东经113°41′～115°05′，北纬29°58′～31°22′。

武汉市自然条件优越，属于亚热带季风性湿润气候，夏季高温多雨，冬季低温少雨，雨热同期。具有雨量充沛、日照充足、夏季高温，降水集中，冬季气温低等气候特点。一年中，1月平均气温最低为3.0℃；7月平均气温最高为29.3℃，夏季长达135天；春秋两季各约60天。初夏梅雨季节雨量较集中，年降水量为1205 mm。武汉活动积温为5000～5300℃·d，年无霜期达240天；武汉市地形平坦，坐落在长江中下游平原，江汉平原的东部。长江和汉江的交汇处，将武汉市分为武昌、汉口和汉阳三个部分，水源充足。

武汉市经济发展迅速，在十三五规划中提到进一步提升中部崛起和长江经济带的战略支点作用，基本形成"三中心、三武汉"国家中心城市功能框架，经济地位重要。武汉市工业集中，是中国重要的工业基地，拥有钢铁、汽车、光电子、化工、冶金、纺织、造船、制造、医药等完整的工业体系，对资源和能源的消耗量大，同时，对污染物的排放量也大。

6.1.2 采样地点

采样地点：武汉市中心城区的公园有 42 个(武昌 10 个、江汉 8 个、汉阳 8 个、青山 7 个、江岸 4 个、洪山 3 个、硚口 2 个)，选取其中的 10 个公园作为研究对象。分别对 10 个公园绿地单元进行黑碳的采样及分析工作(图 6.1)。

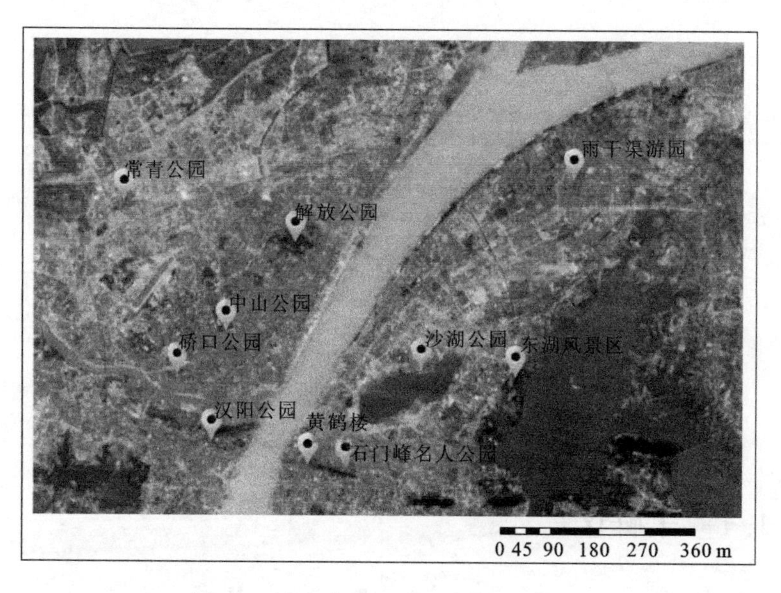

图 6.1 武汉市中心城区采样点分布图

具体采样地点如下。

武昌 2 个：沙湖公园、黄鹤楼附近。

江汉 2 个：中山公园、常青公园。

汉阳 1 个：汉阳公园。

青山 2 个：石门峰名人公园、南干渠游园。

江岸 1 个：解放公园。

洪山 1 个：东湖风景区。

硚口 1 个：硚口公园。

在采样点安放黑碳仪的要求：大致离地面 2 m 左右，下垫面是植被覆盖率较高的绿地，四周没有高大的建筑物遮挡，视野开阔，能够比较准确客观地反映武汉市城区绿地单元的黑碳气溶胶浓度。

本书选取城区功能区的绿地单元，采样分析黑碳气溶胶在公园等绿地地区分析气溶胶的垂直沉降和吸附性，根据采样点的黑碳气溶胶浓度来分析武汉市城区黑碳气溶胶的时空分布。

6.1.3　采样仪器

采样仪器为美国玛基科学公司产的 AE-31 黑碳仪，该仪器可以连续实时观测黑碳的质量浓度。黑碳测量仪在测量过程中，黑碳观测采用透光均匀的石英纤膜进行。采用黑碳仪标准通道(880 nm)的采样结果作为黑碳质量浓度的代表值，该仪器平均每 5 min 获取一组黑碳浓度数据。

6.1.4　采样数据的处理

在武汉市 10 个典型绿地单元设置采样区域，采集气溶胶黑碳样品，根据环境空气质量标准中采样数据统计的有效性规定，每年至少有分布均匀的 60 个日均值，每月至少有分布均匀的 5 个日均值，采集气溶胶样品 660 个。采样时间从 2014 年 12 月至 2016 年 2 月，采样的间隔周期为一个星期，每次采样时间为 50～60 min。

数据的处理步骤如下。

(1)将数据从黑碳记录仪导入计算机，进行分类存放，剔除采样中的异常数据，并且将采样得到的原始数据中的错误数据(负值数据)剔除。

(2)对每个站点每次采样的数据进行均值计算，并根据得到的平均值找出数据中过大与过小的异常数据，标注出高于和低于平均值两倍的数据，得到研究分析的初步数据。

(3)根据分析的实际情况对初步数据再进行分类处理。

仪器记录浓度单位为 ng/m^3，采样频率为 1 min，数据处理为平均 50 min，平均过程中对明显的异常值进行剔除：①由于仪器本身不稳定，在一定时间内输出尺度在几分钟至几十分钟的剧烈峰值变化的数据，将其剔除；②仪器换过滤膜时出现的负值观测数据，在数据处理时进行剔除。通过这些数据质量控制手段确保了数据的可靠性。

6.2　实测值与模拟值的对比

武汉市全年黑碳气溶胶质量浓度日均值为 3.911 μg/m^3，范围在 1.135～10.742 μg/m^3，日均值浓度数据约 81%分布在 2～6 μg/m^3，具有较好的集中分布趋势，见图 6.2。

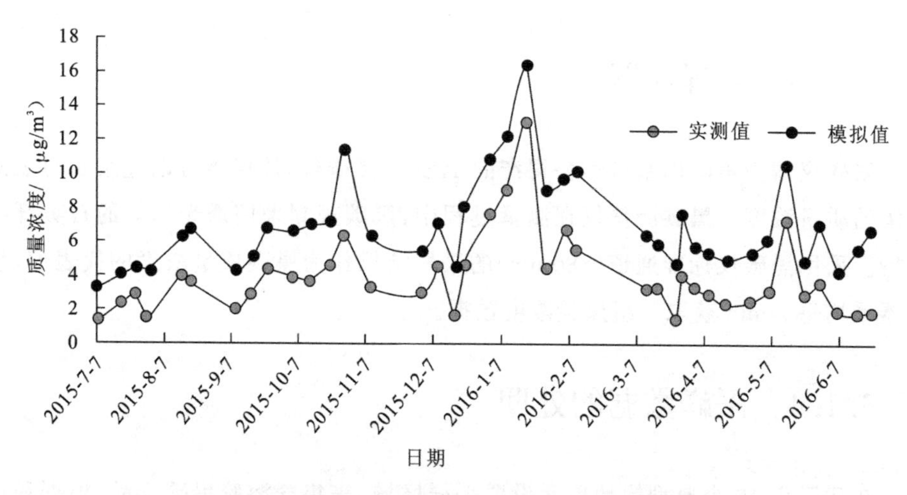

图 6.2 模拟值与实测值的时间变化趋势对比图

武汉市黑碳气溶胶质量浓度的日变化规律在季节分布上也呈现明显的分异特征，其中冬季最高，日均值为 6.319 μg/m³，秋季和春季次之；夏季最低，日均值为 2.49 μg/m³。

从图 6.2 中可以看出模拟值与实测值有相似的时间变化趋势（朱厚玲，2013），模拟值曲线的数值整体略偏高，这可能与模型分辨率及所采用的源清单有关，未反映出黑碳气溶胶的精细空间结构。

6.3 模型验证

本书将 WRF-CMAQ 模型模拟结果与实际测量值的吻合程度用标准化平均误差（NME）、相关系数（CORR）、均方根误差（RMSE）来评估。其中 CORR 反映模拟值与测量值的相关程度，RMSE 反映模拟值与测量值的偏离程度。

从表 6.1 中可以看出，模拟值与测量值的相关系数基本处于 0.3～0.6，相关性较高，同时模拟值约为测量值的 1.5 倍，偏离度较小，说明模拟效果较好。

表 6.1 各季节模拟均值与测量均值及其相关统计指标对比

季节	测量值/(μg/m³)	模拟值/(μg/m³)	NME	RMSE	CORR
春季	3.018	4.529	1.830	7.226	0.342
夏季	1.919	2.493	0.569	10.003	0.369
秋季	2.163	3.634	6.331	5.474	0.471
冬季	4.543	6.319	5.792	5.851	0.592

就 RMSE 指标而言,夏季模拟值偏离测量值的程度较大,表明模拟值与测量值仍然有很大的不确定性,其中 WRF-CMAQ 模型模拟的不确定性有排放源、初始场、气象场、边界场以及化学机制的不确定性。

模拟值与测量值的量级一致,与同类研究偏离水平相当(闫文君 等,2016)。但模拟值整体略高于实际测量值,模拟效果较好。这可能跟采样实验精度条件、采样点在研究区布局稀疏等因素有关,会形成一定的误差。

第7章　武汉市城区黑碳气溶胶质量浓度的分布规律

7.1　武汉市城区黑碳气溶胶质量浓度的垂向空间分布规律

运用WRF-CMAQ模型，垂直分为16层(表7.1)，顶层高度为0.2 bar(即202 hPa)，距地面高度近似7 600 m；底层高度为1.0 bar(即1010 hPa)，距地面高度10 m，水平区域确定为武汉市区域。

表7.1　基于WRF-CMAQ模型的垂直分层一览表

层数	1	2	3	4	5	6	7	8
等压面高度/bar	1.000	0.998	0.995	0.992	0.987	0.980	0.970	0.940
距地面高度/m	10	30	60	70	120	190	300	600
层数	9	10	11	12	13	14	15	16
等压面高度/bar	0.910	0.870	0.800	0.740	0.650	0.500	0.400	0.200
距地面高度/m	900	1 300	2 000	2 600	3 500	4 600	5 600	7 600

7.1.1　垂向BC质量浓度的时间变化规律

为了解武汉市城区BC年均质量浓度的垂直变化规律，使用了CMAQ的基于地形追随坐标系的16层粗网格，每层网格的厚度随时间的变化而变化，各层的

Sigma 值及距地高度分别见表 7.1 所示。模型边界条件和初始条件都使用预设值，每个月的模拟都提前 5 天，将第 5 天的模拟结果作为该月第 1 天的初始浓度场。模拟结果见表 7.2。

1. 日变化规律

从表 7.2 中可以看出，自距地 120 m 开始，黑碳的质量浓度开始下降，到达距地 2000 m 以上的区域，黑碳的质量浓度基本保持稳定。说明 120～2 000 m 高度，是黑碳浓度迅速下降的区域，由湍流扩散和重力沉降等非扩散过程的两部分组成。

在 1～5 层(即距地 120 m 以下)，每一层的日变化趋势基本一致，波动较小。随着高度层的增加，黑碳气溶胶浓度递减；6、7 层与 8、9 层的波动幅度相比相对较大一些，随着高度层的增加，每一层的黑碳沉降浓度在下降；10 层(即距地 1 300 m)上下波动幅度较大，全年 BC 沉降的日均值差异明显，10 月至次年 2 月的日均值相对较低；11 层波动幅度较小，日均值差异不是十分明显。12、13 层的日变化趋势基本一致，日均黑碳沉降值上下波动幅度较大，全年 BC 沉降的日均值差异明显，13 层的日均黑碳沉降值整体小于 12 层。12 层黑碳气溶胶沉降值上下波动幅度大于 13 层波动幅度；14、15 层的日变化趋势较为一致，日均黑碳沉降值上下波动幅度较大，尤其是 14 层全年 BC 沉降的日均值差异明显，15 层的日均黑碳沉降值整体小于 14 层，14 层黑碳气溶胶沉降值上下波动幅度大于 15 层波动幅度；16 层沉降值上下波动幅度较大，全年 BC 沉降的日均值差异明显；2015 年 9 月至 2016 年 3 月期间的沉降日均值相对较低，波动不明显，2016 年 3 月至 7 月 BC 沉降日均值呈现波动上升的趋势。

2. 季节变化规律

从表 7.2 中可以看出，各个高度层在四季的黑碳气溶胶沉降均值差异不明显，冬季稍大于其他几个季节；随着高度层的增加四季的黑碳气溶胶沉降浓度在降低；各个高度层之间在四季中黑碳气溶胶浓度变化幅度差异大。

1～5 层黑碳气溶胶沉降浓度四季变化差异小，2 层春季的沉降值异常高；6～11 层中，除了 7 层和 10 层沉降值四季波动较大，7 层冬季 BC 沉降值较高，10 层冬季 BC 沉降值低于其他三季，6、8、9 层 BC 沉降值的四季差异不明显；12～16 层中，12、13、14 层的四季变化趋势基本一致，夏季和秋季的黑碳气溶胶沉降浓度较低，秋季的质量浓度最低，春、冬季的值较高；15、16 层四季变化趋势一致，春季＞夏季＞秋季＞冬季。

表 7.2 武汉市城区 BC 质量浓度的垂直变化一览表

年份	2015 年								2016 年							
层数	7 月	8 月	夏季	9 月	10 月	11 月	秋季	12 月	1 月	2 月	冬季	3 月	4 月	5 月	春季	6 月
1	0.0604	0.0585	0.0599	0.0592	0.0608	0.0651	0.0617	0.0597	0.0616	0.0657	0.0623	0.0631	0.0616	0.0557	0.0601	0.0611
2	0.0463	0.0443	0.0458	0.0448	0.0468	0.0508	0.0475	0.0455	0.0478	0.0511	0.0482	0.0473	0.0469	0.0426	0.0456	0.0469
3	0.0359	0.0336	0.0352	0.0334	0.0363	0.0394	0.0364	0.0354	0.0376	0.0401	0.0377	0.0347	0.0359	0.0332	0.0346	0.0361
4	0.0263	0.0239	0.0234	0.0256	0.0266	0.0289	0.0263	0.0263	0.0283	0.0300	0.0289	0.0282	0.0257	0.0246	0.0264	0.0268
5	0.0179	0.0159	0.0174	0.0157	0.0185	0.0196	0.0180	0.0189	0.0204	0.0215	0.0203	0.0214	0.0173	0.0171	0.0186	0.0187
6	0.0113	0.0100	0.0113	0.0104	0.0127	0.0131	0.0121	0.0133	0.0141	0.0146	0.0140	0.0093	0.0110	0.0112	0.0105	0.0120
7	0.0059	0.0052	0.0061	0.0059	0.0071	0.0078	0.0069	0.0077	0.0077	0.0354	0.0170	0.0047	0.0061	0.0062	0.0057	0.0089
8	0.0036	0.0034	0.0035	0.0040	0.0041	0.0042	0.0041	0.0042	0.0041	0.0046	0.0043	0.0018	0.0038	0.0039	0.0031	0.0038
9	0.0023	0.0025	0.0023	0.0031	0.0022	0.0016	0.0023	0.0015	0.0015	0.0023	0.0018	0.0006	0.0021	0.0024	0.0017	0.0021
10	7.17×10^{-4}	1.44×10^{-3}	9.00×10^{-4}	1.75×10^{-3}	5.44×10^{-4}	3.90×10^{-4}	8.94×10^{-4}	2.19×10^{-4}	2.83×10^{-4}	5.69×10^{-4}	3.57×10^{-4}	9.21×10^{-4}	7.16×10^{-4}	8.06×10^{-4}	8.14×10^{-4}	8.14×10^{-4}
11	1.33×10^{-4}	3.02×10^{-4}	1.76×10^{-4}	3.39×10^{-4}	9.35×10^{-5}	7.09×10^{-5}	1.68×10^{-4}	3.61×10^{-5}	6.25×10^{-5}	2.10×10^{-4}	1.03×10^{-4}	2.48×10^{-5}	1.79×10^{-4}	1.29×10^{-4}	1.11×10^{-4}	1.55×10^{-4}
12	4.30×10^{-5}	6.36×10^{-5}	4.01×10^{-5}	5.05×10^{-5}	1.37×10^{-5}	8.37×10^{-6}	2.42×10^{-5}	2.50×10^{-5}	2.34×10^{-5}	1.15×10^{-4}	5.45×10^{-5}	7.85×10^{-6}	5.37×10^{-5}	4.95×10^{-5}	3.70×10^{-5}	4.67×10^{-5}
13	1.72×10^{-5}	1.89×10^{-5}	1.39×10^{-5}	8.77×10^{-6}	5.47×10^{-6}	5.57×10^{-6}	6.60×10^{-6}	9.44×10^{-6}	7.83×10^{-6}	7.07×10^{-5}	2.93×10^{-5}	2.12×10^{-5}	2.95×10^{-5}	3.25×10^{-5}	2.78×10^{-5}	2.35×10^{-5}
14	5.90×10^{-6}	1.31×10^{-5}	7.31×10^{-6}	5.04×10^{-6}	2.89×10^{-6}	5.02×10^{-6}	4.32×10^{-6}	2.14×10^{-6}	3.44×10^{-6}	4.21×10^{-5}	1.59×10^{-5}	1.37×10^{-5}	1.59×10^{-5}	1.89×10^{-5}	1.61×10^{-5}	1.37×10^{-5}
15	2.29×10^{-6}	8.73×10^{-6}	4.08×10^{-6}	1.93×10^{-6}	1.21×10^{-6}	6.45×10^{-7}	1.26×10^{-6}	2.42×10^{-7}	1.27×10^{-6}	1.29×10^{-6}	9.34×10^{-7}	2.20×10^{-6}	9.72×10^{-6}	1.03×10^{-5}	7.40×10^{-6}	5.74×10^{-6}
16	3.12×10^{-7}	5.29×10^{-7}	3.15×10^{-7}	8.74×10^{-8}	1.03×10^{-7}	1.54×10^{-8}	6.87×10^{-8}	1.15×10^{-8}	5.91×10^{-8}	6.45×10^{-8}	4.50×10^{-8}	1.99×10^{-7}	8.72×10^{-7}	7.45×10^{-7}	6.05×10^{-7}	3.58×10^{-7}

7.1.2　水平方向 BC 质量浓度的空间变化规律

1. 日变化分布差异

根据 16 个不同高度层的日变化趋势，选取 5 层、12 层和 16 层作为典型层与武汉市中心城区 10 个公园的 BC 沉降的分布进行对比。

如图 7.1、图 7.2、图 7.3 所示，典型层 BC 沉降与 10 个采样点的分布趋势基本一致，其中 12 层和 16 层与采样点 BC 沉降的分布高度重合。

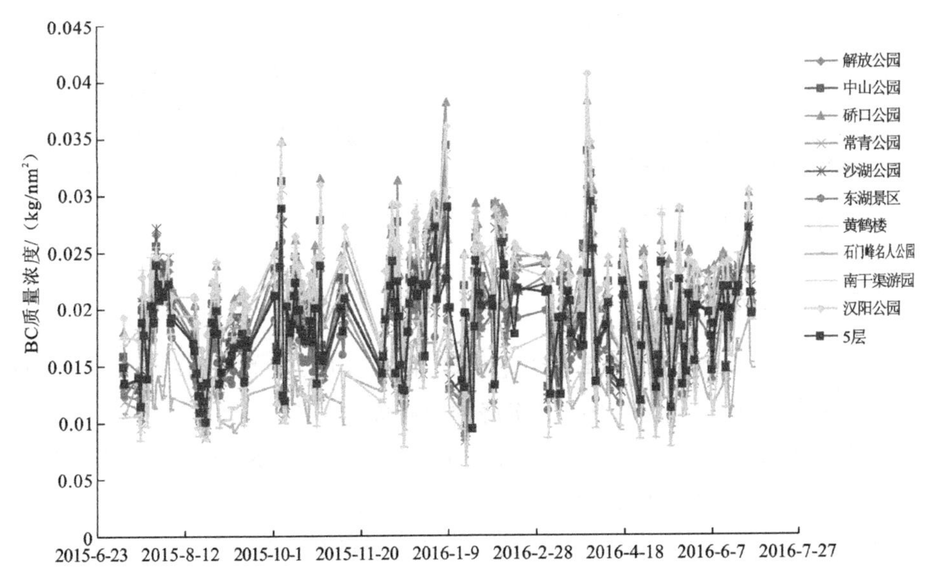

图 7.1　第 5 层 BC 沉降与 10 个采样点的日分布差异

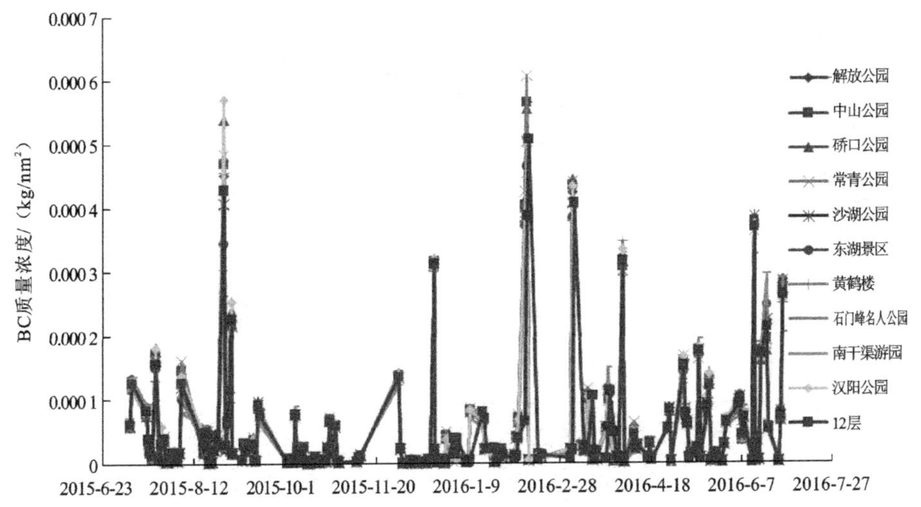

图 7.2　第 12 层 BC 沉降与 10 个采样点的日分布差异

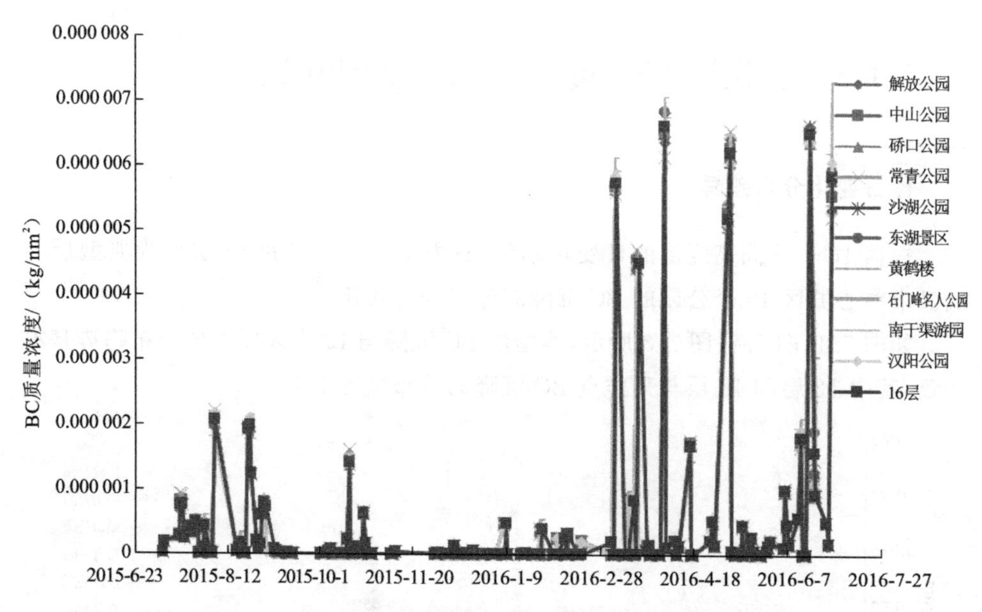

图 7.3 第 16 层 BC 沉降与 10 个采样点的日分布差异

2. 季节变化分布差异

根据 16 个不同高度层的季节变化趋势，选取 5 层、12 层和 16 层作为典型层与武汉市中心城区 10 个公园的 BC 沉降的分布进行对比。

如图 7.4、图 7.5、图 7.6 所示，典型层 BC 沉降与 10 个采样点的分布趋势基本一致，其中 12 层和 16 层春季 BC 沉降浓度与 10 个采样点相比浓度较高一些，12 层春季到夏季的沉降浓度有下降的趋势，而各采样点有小幅度的上升。

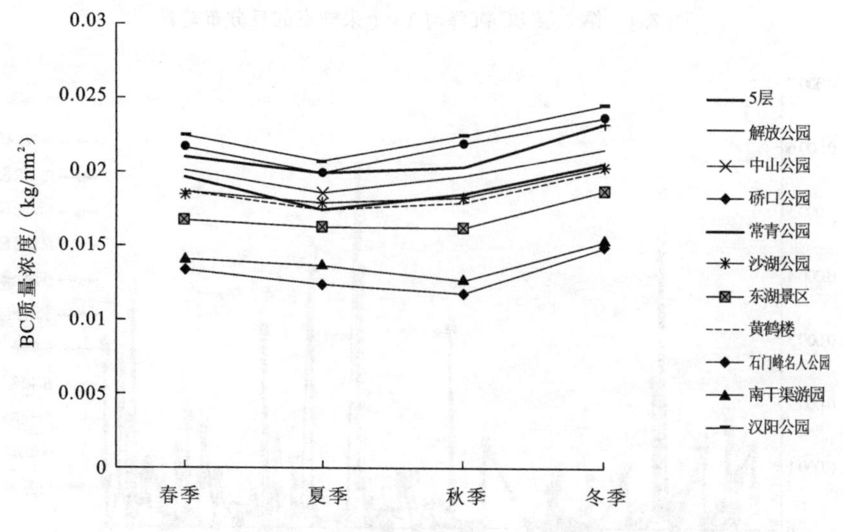

图 7.4 第 5 层 BC 沉降与 10 个采样点的季节分布差异

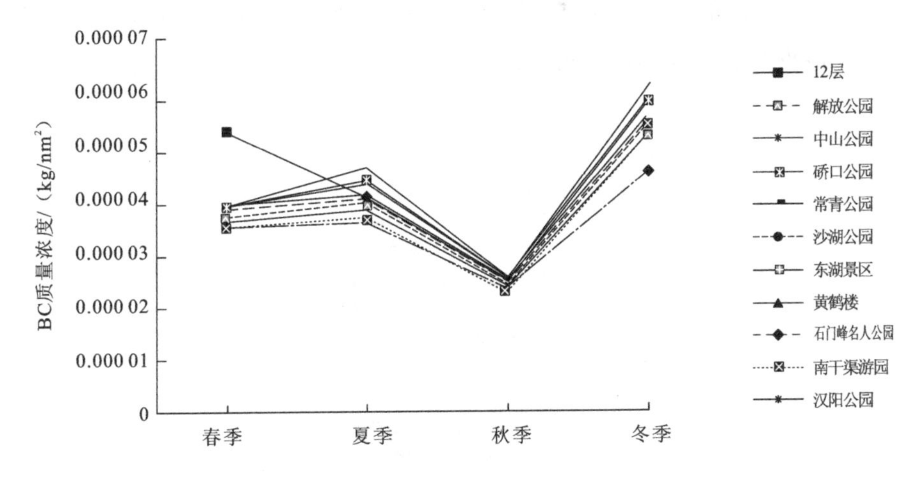

图 7.5　第 12 层 BC 沉降与 10 个采样点的季节分布差异

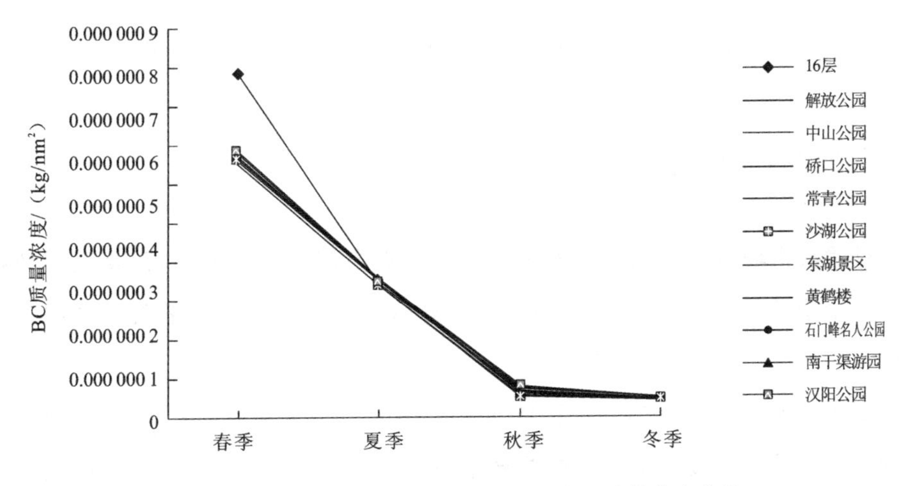

图 7.6　第 16 层 BC 沉降与 10 个采样点的季节分布差异

7.2　武汉市城区黑碳气溶胶质量浓度的横向空间分布规律

7.2.1　日均值空间分布特征

2015 年 7 月至 2016 年 6 月全年所有的采样数据进行均值计算，得出每个采样点平均每天的黑碳气溶胶浓度，并对 10 个采样点的日均值进行比较。

武汉市城区全年黑碳气溶胶浓度日均值分布见图 7.7，全年中石门峰游园、解放公园和汉阳公园的黑碳气溶胶浓度日均值高，均大于 4 000 ng/m³；其他采样点的气溶胶浓度都在 3 000～4 000 ng/m³，其中最大值为 3 918 ng/m³，最小值为 3 556 ng/m³。

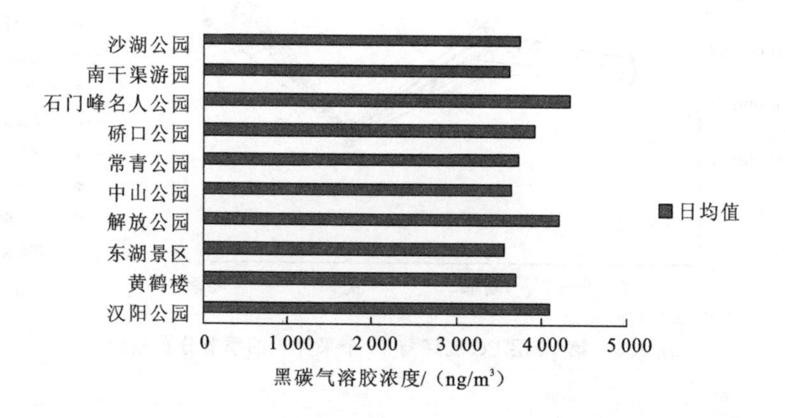

图 7.7 2015 年 7 月～2016 年 6 月武汉市城区黑碳气溶胶日均值分布图

7.2.2 月均值空间分布特征

对武汉市城区黑碳气溶胶浓度的月均值做空间分布特征分析，将已有数据分为四个季节统计，如图 7.8 至图 7.12，分析每个月的黑碳气溶胶的空间分布特征。

由图 7.8 可知，2015 年 9 月，除了南干渠游园是明显的低值区外，其他采样点的黑碳气溶胶浓度的空间分布差异小；2015 年 10 月解放公园、石门峰名人公园和沙湖公园的黑碳气溶胶浓度是高值区；2015 年 11 月各采样点的黑碳气溶胶浓度空间分布差异较小，其中中山公园和常青公园的气溶胶浓度较低，小于 1 500 ng/m³。

由图 7.9 可知，2015 年 12 月解放公园、石门峰名人公园、硚口公园的黑碳气溶胶浓度高，黄鹤楼的黑碳气溶胶浓度最低；2016 年 1 月汉阳公园的黑碳气溶胶浓度最高，达到 1 000 ng/m³ 以上，黄鹤楼、常青公园、南干渠游园和和沙湖公园的气溶胶浓度高，东湖景区浓度最低；2016 年 2 月，除了南干渠游园黑碳气溶胶浓度较高，其他采样点气溶胶浓度的空间差异小。

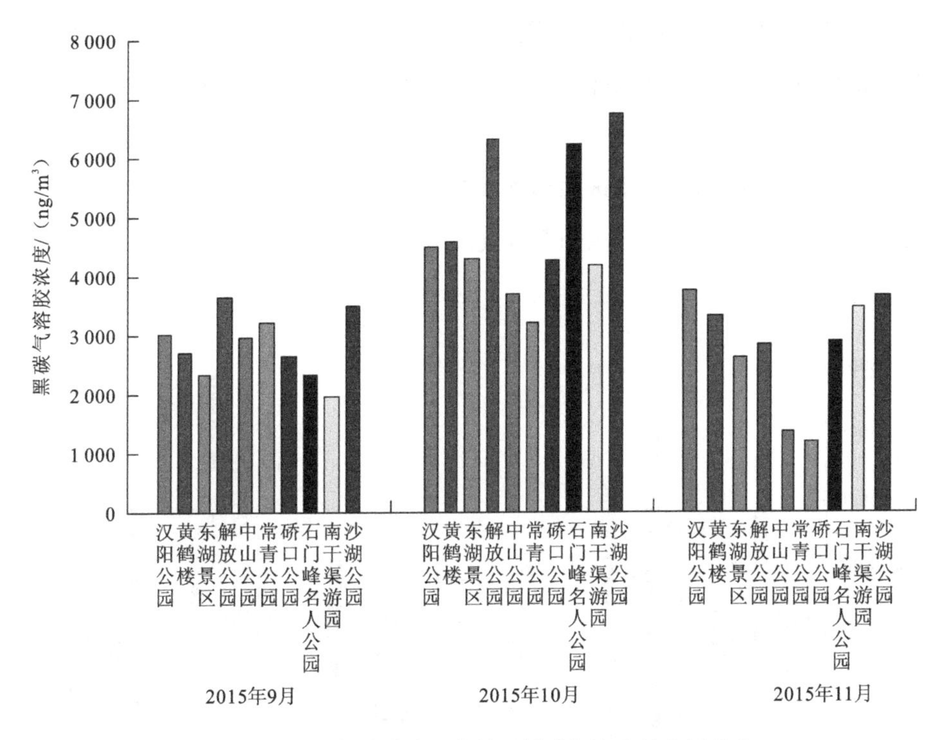

图 7.8　2015 年秋季武汉市城区黑碳气溶胶的空间分布

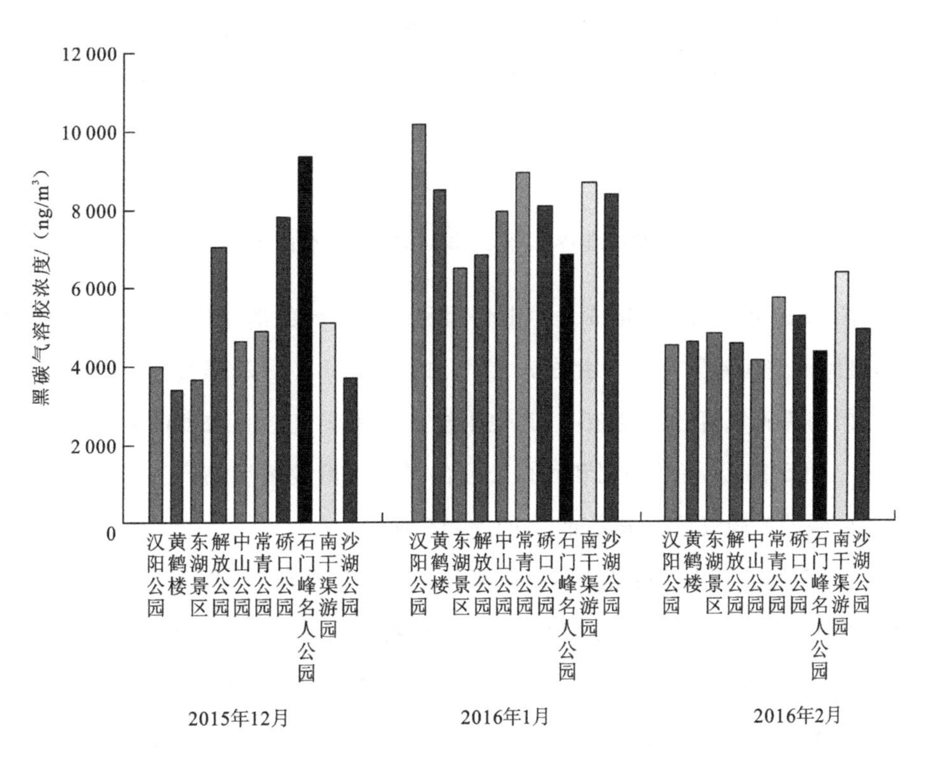

图 7.9　2015 年冬季武汉市城区黑碳气溶胶的空间分布

由图7.10可知,2016年3月,除了中山公园、石门峰名人公园和沙湖公园的黑碳气溶胶浓度较高,其他采样点的黑碳气溶胶浓度空间差异较小;2016年4月,整体分布较为平均,空间差异不明显;2016年5月武汉市中心城区的黑碳气溶胶浓度空间分布差异大,东湖景区的黑碳气溶胶浓度出现最高值,高达5 947 ng/m³,中山公园、常青公园和沙湖公园的黑碳气溶胶浓度都较低,小于2 520 ng/m³。

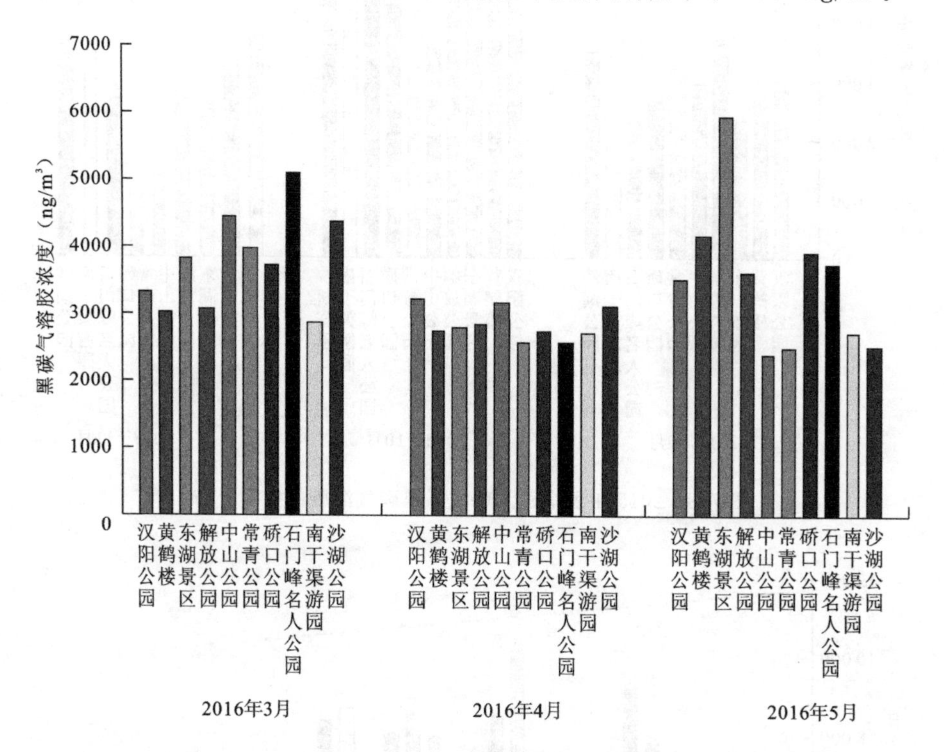

图7.10 2016年春季武汉市城区黑碳气溶胶的空间分布

由图7.11可知,2016年6月中山公园和常青公园的的黑碳气溶胶浓度相对较高,整体上空间差异较小。由图7.12可知,2015年7月汉阳公园、解放公园和中山公园的黑碳气溶胶浓度较高,其他采样点的黑碳气溶胶浓度的空间差异小;2015年8月黄鹤楼、解放公园和硚口公园的黑碳气溶胶浓度高,石门峰名人公园和沙湖公园的黑碳气溶胶浓度低,空间差异较明显。

图7.13为武汉市城区各采样点黑碳气溶胶月均值分布图,由图可知,武汉市城区的黑碳气溶胶浓度空间分布不均匀,具有明显的地区分布差异。石门峰名人公园、硚口公园、解放公园和汉阳公园的黑碳气溶胶浓度高,在4 000 ng/m³ 以上;东湖景区的的黑碳气溶胶浓度最低,低于3 600 ng/m³;其他的采样地点,常青公园、中山公园、黄鹤楼则较为均匀在3 600～3 800 ng/m³,沙湖公园和南干渠游园

则在 3 800～4 000 ng/m^3。

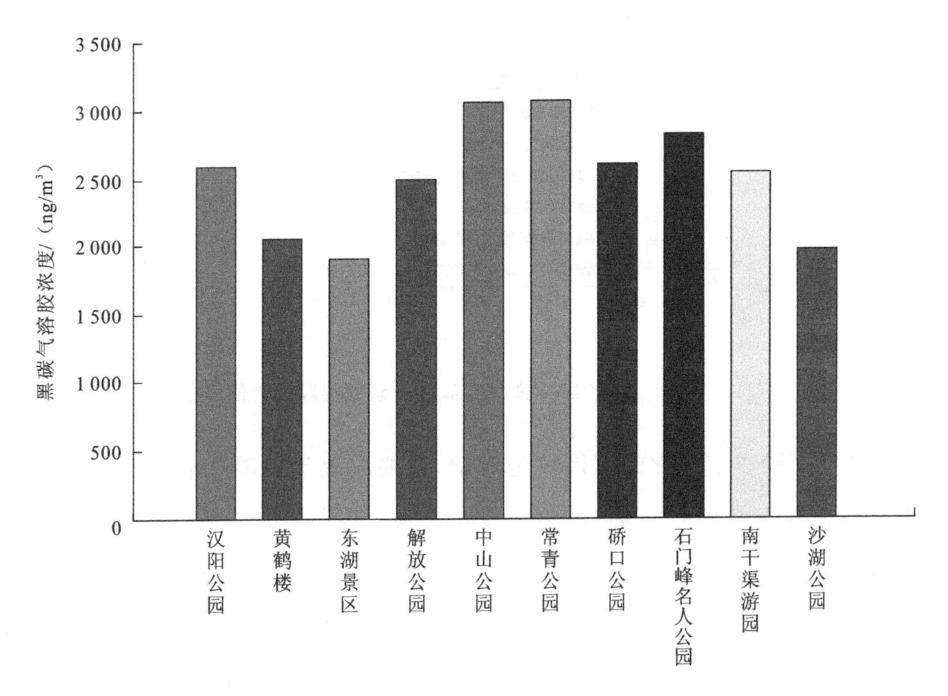

图 7.11　2016 年夏季武汉市城区黑碳气溶胶的空间分布

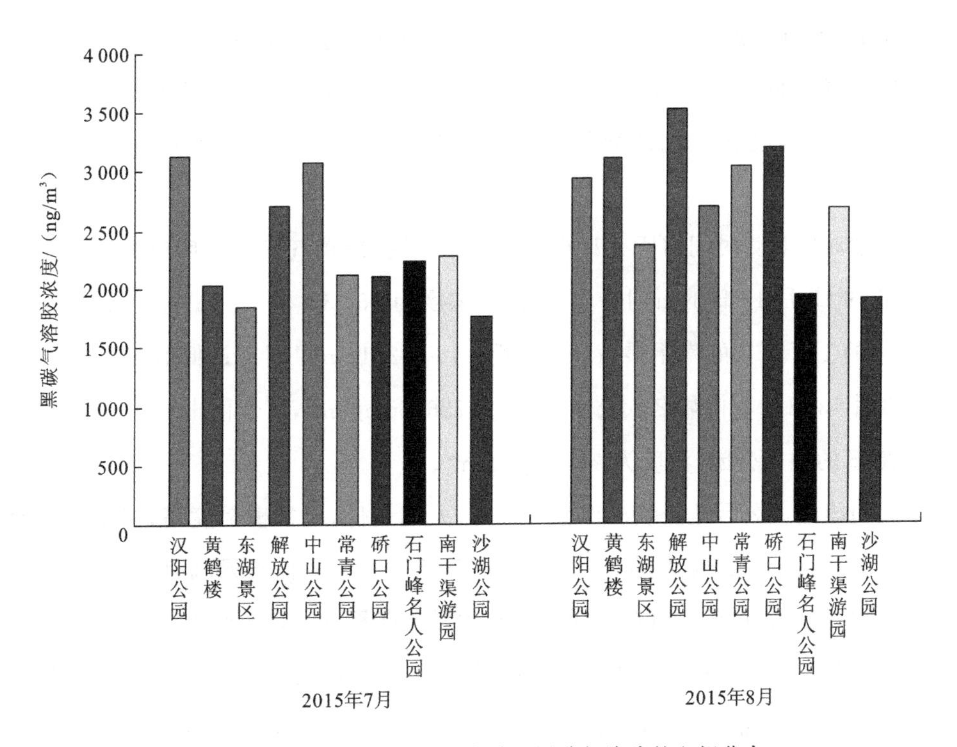

图 7.12　2015 年夏季武汉市城区黑碳气溶胶的空间分布

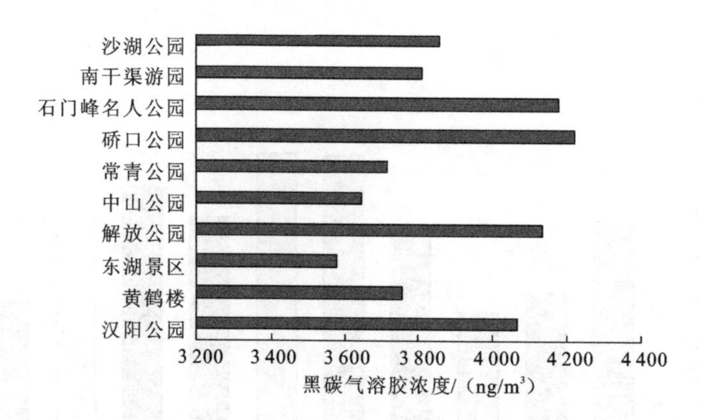

图 7.13 2015.7～2016.6 武汉市城区黑碳气溶胶月均值分布图

黑碳气溶胶季节变化的原因较为复杂，主要取决于黑碳气溶胶的来源和扩散快慢。这与各季节大气湍流的强弱程度和风向有密切的关系。武汉市属亚热带季风性湿润气候，雨期主要集中在每年 6 月至 8 月。夏季以东南风为主，冬季以西北风或北风为主，四季分明，夏季酷热，冬季寒冷，一年中夏季和冬季持续的时间比较长。在一年四季中夏季的日照时间长，地面接收的太阳辐射能量较多，大气湍流的垂直扩散较为强烈，有利于黑碳气溶胶的扩散。冬季日照时间短，大气湍流弱，并且逆温层出现频率高，不利于黑碳气溶胶的扩散。此外，武汉进入春季以后降水量开始增加，夏季多暴雨天气，降水能够使大气中的黑碳气溶胶沉降到地面，起到进化空气的效果。这也是冬季黑碳气溶胶浓度远高于夏季的原因。

经过对比观测时间内所有观测点的数据发现，黑碳气溶胶浓度最高值出现在 2015 年的 12 月 12 日的石门峰名人公园，浓度为 16 533.58 ng/m^3，次高值出现在 2016 年的 1 月 2 日的南干渠游园，浓度为 16 302.12 ng/m^3。最低值出现在 2015 年的 8 月 13 日的石门峰名人公园，浓度为 736.55 ng/m^3，次低值出现在 2016 年的 7 月 29 日的中山公园，浓度为 941.56 ng/m^3。

石门峰名人公园地处武汉市东南市郊，人流量低，植被覆盖度高，但是由于附近的道路在进行工程改造，扬尘严重。2015 年 12 月 12 日当天风速较小，空气流动慢，大量尘土扩散到大气中。由于尘土和黑碳都具有吸收光照辐射的特性，因此测量仪器计算出了较高的数值，对黑碳气溶胶浓度测量结果产生了一定的影响，出现了 16 533.58 ng/m^3 的最高值。而 2015 年 8 月 13 日，风速较大，加之风向的影响，尘土向观测点的反方向扩散。使空气中的尘土对实验的观测影响较小。加之石门峰名人公园地广人稀，植被覆盖率高的特点，植物对黑碳气溶胶有一定的吸附和净化作用，因此出现了 736.55 ng/m³ 的最低值。南干渠游园位于青山区武汉钢铁厂附近，钢铁厂炼钢需要燃烧大量的煤炭产生热量，而黑碳是煤炭不完全燃烧的产物之一。因此南干渠游园出现了浓度 16 302.12 ng/m³ 的次高值。中山公园位于汉口的城市中心区域，公园内绿化率高，附近为医院、学校、商业混合区域。在空气流动状况良好时空气中污染物浓度较低，因此出现了 2016 年 7 月 29 日浓度为 941.56 ng/m³ 的次低值。上述观测点间的横向对比分析表明，空气中的扬尘对黑碳气溶胶的观测结果有一定的影响，能使观测到的浓度值升高，但是其本身并不是黑碳气溶胶的组成成分。此外，钢铁厂附近区域煤炭燃烧不充分所产生的黑碳也是武汉市内大气中黑碳气溶胶的来源之一，而植被覆盖率高的公园对大气中的黑碳气溶胶有一定的过滤和净化的作用。

在上述 10 个观测点中，南干渠游园位于武汉钢铁厂附近，石门峰名人公园地理位置相对偏僻，在高速路附近。东湖景区紧邻武汉市内第二大湖——东湖，沙湖公园位于内沙湖湖边，紧邻长江。其余的观测点均位于武汉城市中心区域，人流量密集。通过比较每个观测点黑碳气溶胶浓度均值可以看出，位于城市中心区域、人流量密集、交通拥堵的观测点黑碳气溶胶浓度均值相对较高，说明武汉市区内的黑碳气溶胶主要来源于汽车尾气。位于武汉钢铁厂附近的南干渠黑碳气溶胶浓度均值为 3 839.46 ng/m³，处于中间水平，说明钢铁厂炼钢过程中燃煤对武汉黑碳气溶胶浓度的贡献不大。另外，东湖景区观测点和沙湖公园观测点所测黑碳气溶胶浓度均值较低说明水体对黑碳气溶胶有一定的吸附和沉降的作用。

7.3　武汉市城区黑碳气溶胶质量浓度的时间分布规律

7.3.1　月变化特征

2015 年 7 月至 2016 年 6 月每个月采样数据进行均值计算，得出每个采样点每个月的黑碳气溶胶浓度，并对 10 个采样点 12 个月的黑碳气溶胶浓度进行比较。图 7.14 为武汉市中心城区各采样点的黑碳气溶胶浓度月变化趋势图，从图中可以看出以下两点信息。

一是各个采样点的变化趋势较为一致。从 2015 年 7 月到 2016 年 1 月呈现波动上升的趋势：7、8、9、11月的黑碳气溶胶浓度较低，基本在4 000 ng/m³以下，10月份是一个小高峰，黑碳气溶胶浓度有较大增幅；12、1月则是黑碳气溶胶的高峰期，气溶胶等污染物的排放量大，空气中的黑碳气溶胶浓度高。从2016年1月到2016年6月呈现波动下降的趋势：3、4、6月的黑碳气溶胶浓度降低，基本在4 500 ng/m³以下，5月份部分地区出现小高峰。

二是武汉市中心城区绿地的黑碳气溶胶浓度月分布不均匀，整体上波动性较大，全年呈现秋冬季节黑碳气溶胶浓度大，春夏季节气溶胶浓度小。（备注：2015年11月硚口公园采样数据无效记为0。）

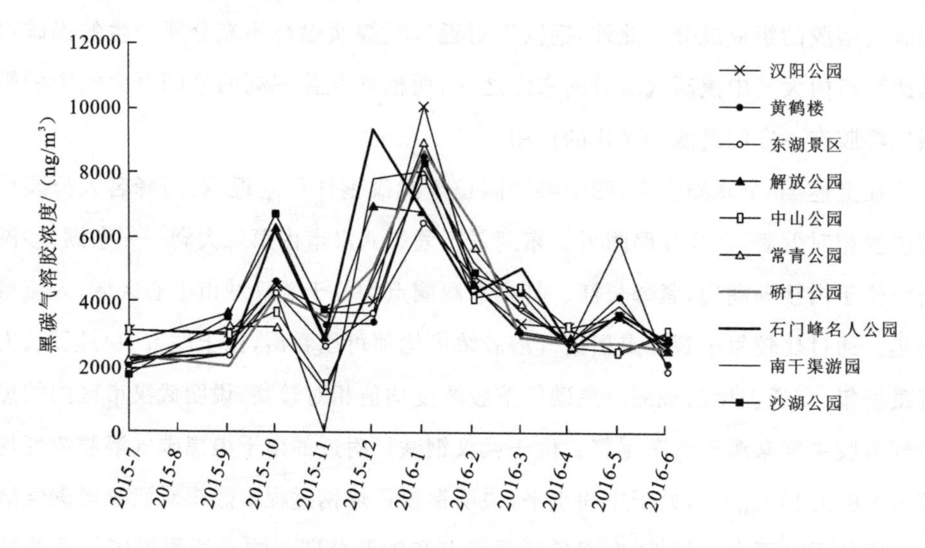

图7.14　武汉市城区10个采样点的黑碳气溶胶月变化趋势图

7.3.2　季节变化特征

1. 秋季黑碳气溶胶变化特征

2015年的秋季资料定为当年的9、10、11月，图7.15为2015年秋季武汉市城区10个采样点的黑碳气溶胶浓度柱状图。沙湖公园和解放公园是两个高值区，其黑碳气溶胶的浓度相对高于其他地方，沙湖公园的黑碳气溶胶浓度高达4 500 ng/m³以上。常青公园和中山公园是两个低值区，其黑碳气溶胶浓度普遍低于其他采样点黑碳气溶胶浓度。汉阳公园、黄鹤楼、硚口公园、东湖景区、石门峰名人公园和南干渠游园的黑碳气溶胶浓度则处于3 000～3 500 ng/m³。（备注：硚口公园11月份的采样数据无效记为0。）

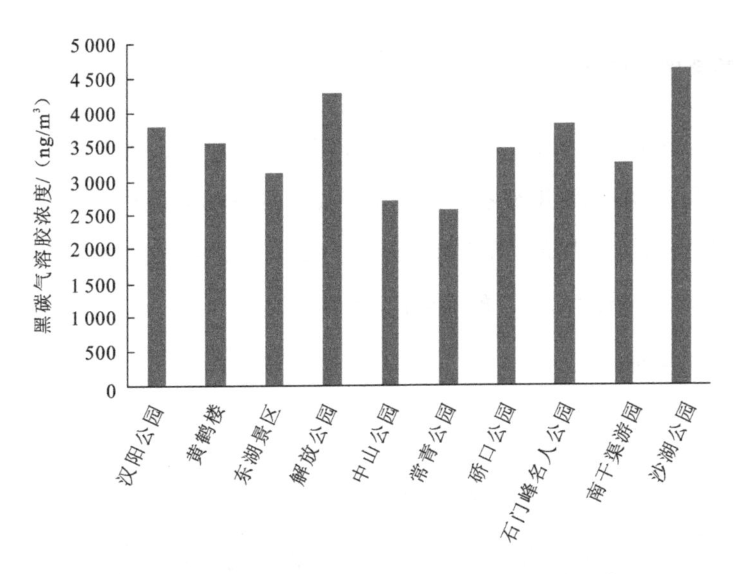

图 7.15　2015 年秋季武汉市城区黑碳气溶胶浓度

2. 冬季黑碳气溶胶变化特征

2015 年的冬季资料定为当年的 12、1、2 月，图 7.16 是 2015 年冬季武汉市城区 10 个采样点的黑碳气溶胶浓度柱状图。硚口公园、石门峰名人公园和南干渠游园是三个高值区，其黑碳气溶胶的浓度相对高于其他地方，硚口公园的黑碳气溶胶浓度高达 7 000 ng/m^3 以上。东湖景区是黑碳气溶胶浓度的低值区，其黑碳气溶胶浓度低于其他采样点黑碳气溶胶浓度，为 5 000 ng/m^3。汉阳公园、黄鹤楼、中山公园、沙湖公园和解放公园的黑碳气溶胶浓度则处于 5 000～6 500 ng/m^3。

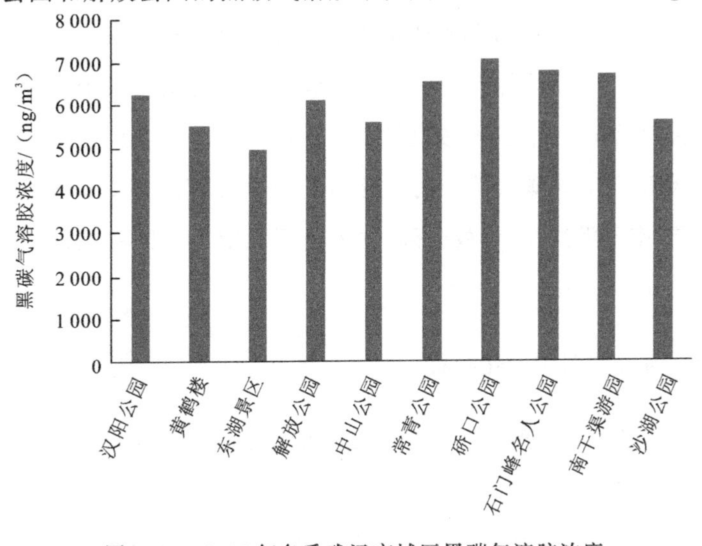

图 7.16　2015 年冬季武汉市城区黑碳气溶胶浓度

3. 春季黑碳气溶胶变化特征

2016 年的春季资料定为当年的 3、4、5 月，图 7.17 为 2016 年春季武汉市城区 10 个采样点的黑碳气溶胶浓度柱状图。各采样点在春季的黑碳气溶胶浓度普遍处于 4 000～5 000 ng/m^3，其中硚口公园的黑碳气溶胶浓度为最高值，最接近 5 000 ng/m^3。沙湖公园的黑碳气溶胶浓度为最低值，小于 4 000 ng/m^3。

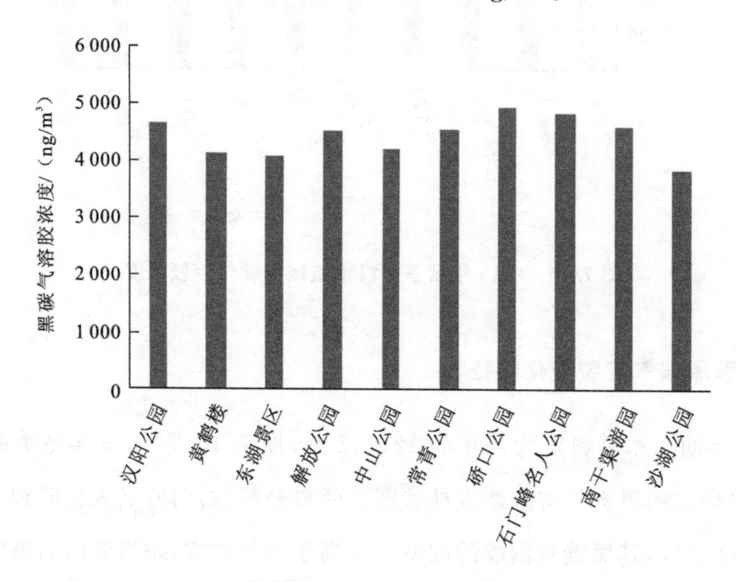

图 7.17　2016 年春季武汉市城区黑碳气溶胶浓度

4. 夏季黑碳气溶胶变化特征

夏季资料定为 2015 年的 7、8 月和 2016 年的 6 月，图 7.18 为 2015 年和 2016 年夏季武汉市城区 10 个采样点的黑碳气溶胶浓度柱状图。汉阳公园和东湖景区是两个高值区，其黑碳气溶胶的浓度达到 3 000 ng/m^3 以上。沙湖公园是黑碳气溶胶浓度的低值区，其黑碳气溶胶的浓度小于 2 500 ng/m^3。黄鹤楼、硚口公园、石门峰名人公园、南干渠游园、解放公园、常青公园和中山公园的黑碳气溶胶浓度则处于 2 500～3 000 ng/m^3。

5. 黑碳气溶胶的四季变化特征

武汉市城区各采样点的黑碳气溶胶浓度的四季变化趋势见图 7.19，从图中可以看出三点信息。

一是各个采样点在四季中的黑碳气溶胶浓度的变化趋势较为一致；二是各个

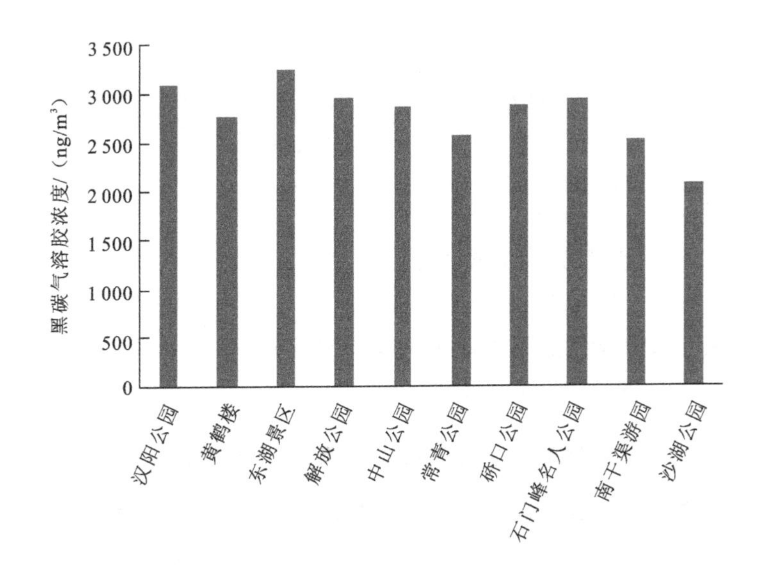

图7.18　2015年和2016年夏季武汉市城区黑碳气溶胶浓度

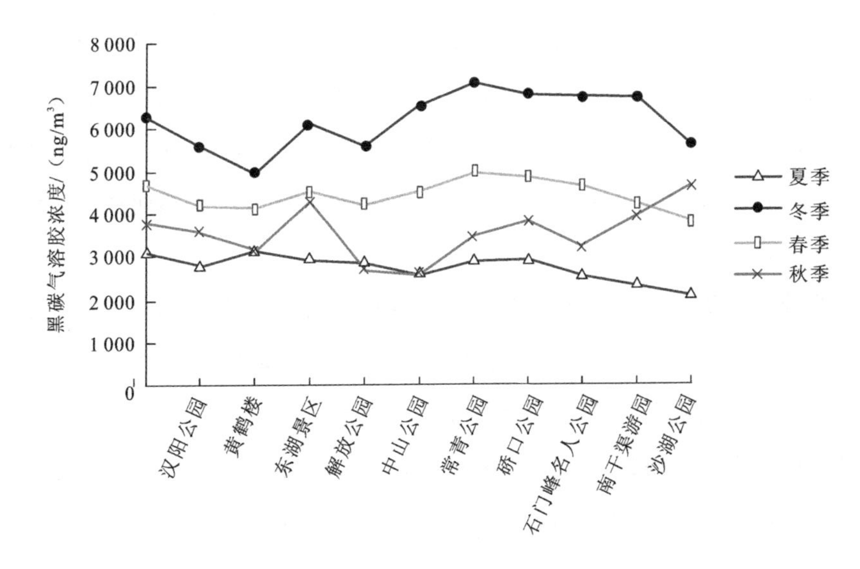

图7.19　武汉市城区黑碳气溶胶的四季变化

采样点在四季的黑碳气溶胶浓度均值差异大，其浓度差异表现为冬季最大，春季次之，秋季较小，夏季最小；三是各个采样点之间在四季中黑碳气溶胶浓度变化幅度差异大，冬季和秋季各采样点之间的黑碳气溶胶浓度变化幅度都很大，其浓度变化范围分别为5 000～7 000 ng/m^3 和2 800～4 800 ng/m^3。春季各采样点之间的黑碳气溶胶浓度变化幅度最小，其浓度稳定在4 000～5 000 ng/m^3。夏季各采样点之间的黑碳气溶胶浓度变化幅度较小，其浓度变化范围为2 000～3 200 ng/m^3。

7.4 武汉市城区黑碳气溶胶时空分布特征的原因分析

7.4.1 时间差异的原因分析

通过对武汉市黑碳气溶胶浓度秋冬季节比较分析，产生季节变化主要是因为直接排放源和气候因素两方面的原因。

根据武汉市环保局公布武汉大气颗粒物源最新解析结果，武汉市 $PM_{2.5}$ 综合来源解析结果为：工业生产（包括工业锅炉及窑炉、生产工艺过程等排放的一次颗粒物和气态前体物产生的二次颗粒物）32％、机动车 27％、燃煤（包括燃煤企业、燃煤电厂、居民散烧等）20％、扬尘（包括裸露表面、建筑施工、道路扬尘、土壤风沙等）9％、其他（包括生物质燃烧、生活源、农业源等）12％。PM_{10} 综合源解析结果：扬尘 25％、燃煤 22％、工业生产 21％、机动车 19％、其他 13％。武汉市的雾霾成因也因为季节不同而有所不同，例如区域污染主要集中在 12 月、1 月，沙尘污染主要集中在 3 月至 5 月，秸秆污染主要在每年 6 月、10 月，受台风外围影响而产生的污染主要集中在 7 月至 9 月。

气溶胶浓度秋冬两季变化幅度大，且冬季均值明显大于秋季，气溶胶浓度的最大值出现在 1 月份。一方面是自然原因，武汉市位于亚热带季风气候区，冬季气温低，降水少，易形成逆温层，这使得大气扩散条件差，再加上武汉市的工业集中，污染物的排放量大，容易和大气悬浮颗粒结合，增加了气溶胶浓度。另一方面则可能人为原因造成的，冬季气温低，居民取暖需求大，燃煤等排放的大气污染物多，导致大气的气溶胶浓度上升。

对比秋冬两季浓度值，秋季和冬季分别在 10 月和 1 月出现了当季的高峰值，这表明武汉市的黑碳气溶胶浓度受到了大气输送的影响。据环保局的解析结果，12 月和 1 月主要是区域污染，6 月和 10 月主要是秸秆污染，武汉市位于江汉平原的东部，江汉平原以农业为主，且湖北西北部主要是以农业为主的地区，而武汉冬季盛行偏西和偏北的风，盛行风将上风向的秸秆燃烧污染物和冬季燃煤、工业和居民排放的污染物携带到武汉上空堆积，形成堆积污染，直接导致了武汉市气溶胶浓度的大幅增加，在秋冬季节易出现严重的大气污染。

7.4.2　空间差异的原因分析

通过对各月黑碳气溶胶空间分布分析，发现解放公园、硚口公园、石门峰名人公园和南干渠游园是黑碳气溶胶浓度的高值区，东湖风景区以及沙湖公园是黑碳气溶胶浓度的低值区。

解放公园位于长江二桥和武汉大道附近，地处交通要道，车流量大，车尾气排放量大；另外周围居民区聚集，居民生活燃料排放较多，这使得附近的黑碳气溶胶浓度较高；硚口公园附近居民区聚集，生活污染物排放量大；南干渠游园位于武汉市青山区，在武钢集团的附近，武钢是集钢铁、电气、矿产、运输等为一体的重工业企业，污染物的排放量大，且从废气污染源的结构分析，工业园是大气污染物排放的主体，从各污染源所占比重来看，电力和钢铁行业排放量是全市二氧化硫的主要来源，电力和机动车排放量是氮氧化物的主要来源，平板玻璃、水泥、石化等行业在污染源比重中也占有一席之地。根据武汉市环保局的污染源解析，武汉市 $PM_{2.5}$ 来源中，工业生产 32%，所占比例大，这使得工业污染导致南干渠的黑碳气溶胶浓度高；石门峰名人公园位于武汉市洪山区，在洪山广场附近，这里是主要的商业区，且附近的大学分布较为密集，因此人流量大，车流量大，导致采样点的黑碳气溶胶浓度高。

东湖景区和沙湖公园是黑碳气溶胶浓度较低的区域，这和其周围的环境密不可分，以东湖为例，东湖作为风景区，总面积 73 km^2，其中湖面面积 33 km^2，是中国最大的城中湖，水域面积广阔，环境净化能力强，空气质量好；全景区的森林面积达到 7 000 亩*，主要包括分布于 34 个山丘和湖滨的自然林和人工林，植被覆盖率高，对空气的净化作用强，空气质量好；在风景区内，居民区少，车流量少，远离污染源。

---

* 1 亩＝666.7 m^2。

第8章　武汉市城区黑碳质量浓度的相关因素及轨迹分析

8.1　武汉市城区黑碳气溶胶浓度的气象因素分析

大气中黑碳气溶胶的浓度和气象条件有着密不可分的联系，研究表明，气象条件对污染物的扩散、稀释和积累有一定作用，在污染源一定的条件下污染物浓度的大小主要取决于气象条件，因此黑碳浓度的变化特征与气象条件的变化有一定的关系。

根据中国气象局气象数据中心的武汉市天河站点的风速(WS)、能见度(VSB)、温度(T)、气压(AP)数据作为代表武汉地区的常规气象数据，与2015年7月至2016年6月的黑碳观测数据做相关分析，可以得到BC与风速、温度、能见度、气压的相关系数分别为－0.188、－0.637、－0.549、0.574。其中BC与风速基本没有相关性，可能由于风速太小或者观测高度不一致导致，具体原因有待进一步探讨。在0.01的水平上，BC与温度、能见度、气压显著相关。

8.1.1　降水对黑碳气溶胶浓度的影响

根据中国气象局发布的天气信息，统计武汉市2014年12月至2016年2月，各月降水的天数，将降水的天数和武汉市黑碳气溶胶浓度的月变化趋势图比较(图8.1)。

降水对大气污染物有很强的稀释作用，降水与空气质量的好坏成反比。即降水越多空气质量越好，降水量越大空气质量越好。从图中可以看出，2015年5～9月气溶胶浓度比较低的时段，相应的降水天数较多，而冬半年，降水天数少，黑碳气溶胶浓度高。

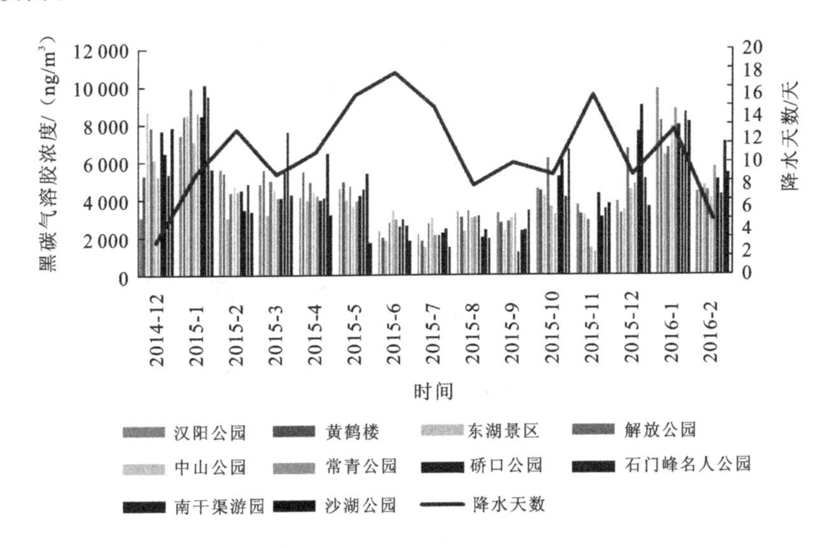

图 8.1　2014 年 12 月～2016 年 2 月武汉市黑碳气溶胶浓度和降水天数比较图

8.1.2　温度对黑碳气溶胶的影响

将气象因子中的温度和黑碳气溶胶浓度做相关性分析，统计 2014 年 12 月至 2016 年 2 月最高温和最低温，和武汉市区黑碳气溶胶做相关性分析，最高温和最低温的相关系数分别为 0.44901 和 0.43005，相关系数小，可见黑碳气溶胶浓度和温度相关性较小。这主要是因为黑碳气溶胶浓度和温度没有直接的关系，主要和逆温有直接的联系。当温度高时，空气对流运动明显，降水较多，对黑碳气溶胶的湿沉降作用较大，导致空气中的 BC 含量减小，因此温度与黑碳呈负相关关系。

8.1.3　风对黑碳气溶胶的影响

风向和风速对大气污染物扩散起着很重要的作用，风向决定着污染物输送的方向，风速决定着对污染物输送的能力。风速越小越不利于大气污染物的输送，特别是静风时非常不利于大气污染物的扩散，使得大量污染物在市区堆积导致市区环境空气质量恶化。

武汉市常年风速和风频如图 8.2 所示，根据国家气象信息中心的数据分析，武汉市的平均风速低于 3 m/s，盛行风向为东北风。对武汉市 2015 年 1 月至 2016 年

1月的天气统计，风速大于三级的大风天只有37 d，一年中风速小于三级的天数大约89%，整体来说是不利于大气污染物的扩散。

以2014年12月17日和21日为例，根据中国气象局的天气监测显示，17日无持续风向，风速≤3级，21日北风3～4级，同时17日的气溶胶浓度为1833.32 ng/m^3，21日的气溶胶浓度为2078.31 ng/m^3。由此可见风速对黑碳气溶胶浓度有一定的影响。

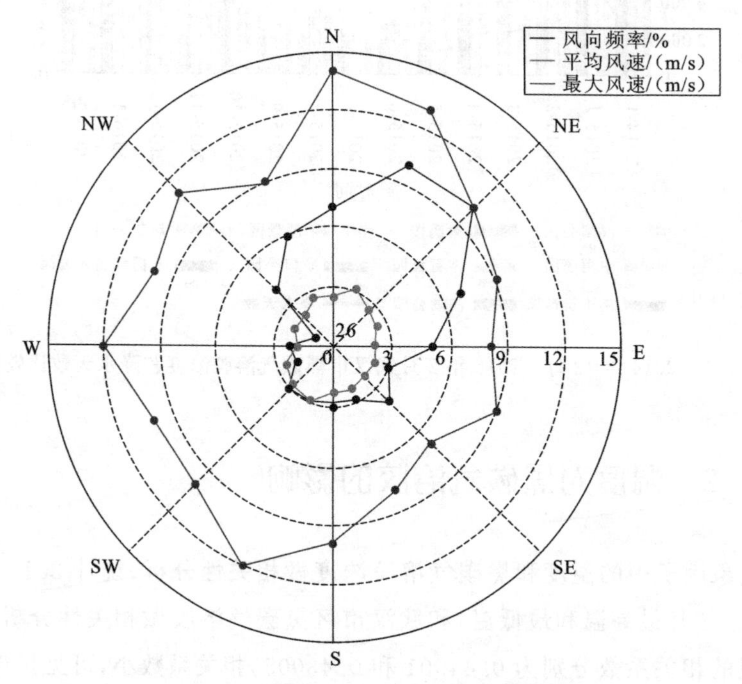

图8.2 武汉市常年各风向频率及其平均风速和最大风速

8.1.4 能见度对黑碳气溶胶的影响

能见度是指当时的天气条件下还能够看清楚目标轮廓的最大距离，影响能见度的最主要因素是空气中颗粒物的含量，当颗粒物较多时，能见度较低，而BC和颗粒物的高度相关性说明BC含量往往随着颗粒物的增加而增长，这就解释了BC和能见度相反的变化趋势。

8.1.5　多元线性回归分析

运用SPSS分析软件对温度、风速、能见度进行多元线性回归分析，采取逐步方法，对各个变量进行筛选，可以得到最终的模型系数表(表8.1)。

表8.1　多元线性回归模型系数表

模型		B 值	标准误差	标准系数	t 值	sigma 值	容差	VIF 值
1	(常量)	7571.119	374.998	—	20.190	0.000	—	—
	温度	−133.731	13.892	−0.550	−9.626	0.000	0.915	1.093
	能见度	−259.075	34.934	−0.449	−7.416	0.000	0.815	1.226
	风速	292.043	137.120	0.129	2.130	0.035	0.813	1.230

根据模型可建立多元线性回归方程：

$$Y=7571.119-133.731X_1-259.075X_2+292.043X_3 \quad (8.1)$$

式中：X_1 表示温度，X_2 表示能见度，X_3 表示风速。

方程中的常数项为7571.119，偏回归系数 b_1 为−133.731，b_2 为−259.075，b_3 为292.043，经T检验，b_1、b_2、b_3 的概率 P 值分别为0.000、0.000、0.035，按照给定的显著性水平0.10的情形下，均有显著性意义。同时VIF值远小于经验值10，方程中各变量的多重共线性不明显。同时通过观察回归标准化残差直方图(图8.3)，可以看出标准化残差呈正态分布。

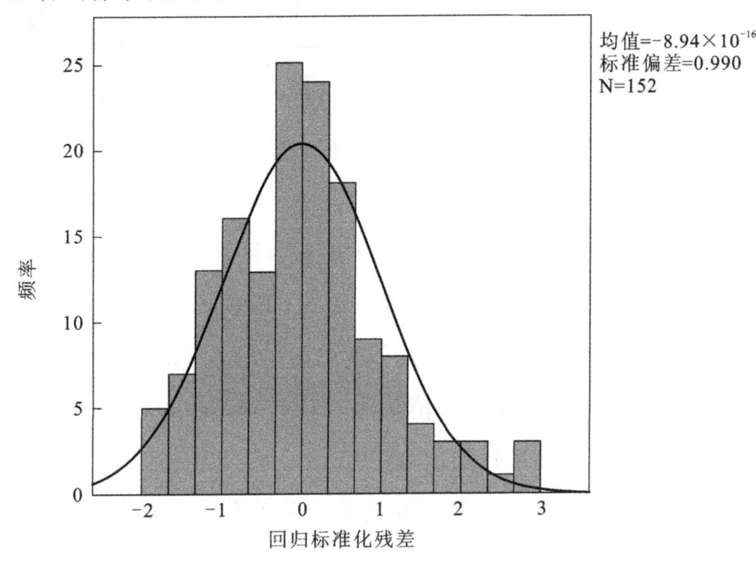

图8.3　回归标准化残差直方图

8.2 武汉市城区黑碳气溶胶和其他大气污染物的相互关系

空气污染物一般包括$PM_{2.5}$、PM_{10}、SO_2、NO_2、O_3、CO，为了解黑碳(BC)气溶胶与它们的关系，将2015年7月至2016年6月武汉地区BC观测数据与同期污染物数据(来自武汉市环保局网站，http://www.whepb.gov.cn/)进行相关性分析。

将同一日期同一时段内的黑碳观测数据与SO_2、NO_2、PM_{10}、CO、O_3、$PM_{2.5}$等大气污染物数据进行相关性分析，结果见表8.2。

表8.2 BC与其他污染物的相关系数

BC	黄鹤楼	沙湖公园	南干渠游园	解放公园	汉阳公园	中山公园	常青公园	硚口公园	石门峰名人公园	东湖景区	平均值
SO_2	0.445*	0.594**	0.754**	0.566**	0.466*	0.811**	0.763**	0.664**	0.374	0.527*	0.5964
NO_2	0.366	0.719**	0.661**	0.484*	0.588**	0.651**	0.461*	0.525*	0.551*	0.738**	0.5744
PM_{10}	0.804**	0.726**	0.701**	0.611**	0.639**	0.759**	0.581**	0.589*	0.730**	0.588**	0.6728
CO	0.868**	0.358	0.816**	0.807**	0.775**	0.780**	0.780**	0.868**	0.806**	0.667**	0.7525
O_3	−0.455*	−0.152	−0.475*	−0.158	−0.563**	−0.310	−0.476*	−0.574*	−0.352	−0.563**	−0.4078
$PM_{2.5}$	0.966**	0.907**	0.881**	0.842**	0.674**	0.803**	0.765**	0.829**	0.916**	0.535*	0.8118

注：**为0.01水平上相关性显著，*为0.05水平上相关性显著。

对比10个监测点的BC与SO_2、NO_2、PM_{10}、CO、O_3、$PM_{2.5}$的相关性系数发现不同采样点之间的相关性系数并没有很大的波动，说明相关性分析结果并不是某一区域独有的特征，受区域的影响较小。由表8.2可知，BC与SO_2、NO_2、PM_{10}、CO、$PM_{2.5}$均为显著正相关，与O_3为显著负相关，其中，BC与SO_2的相关性系数均值为0.5964，与NO_2的相关性系数均值为0.5744，与PM_{10}的相关性系数均值为0.6728，与CO的相关性系数均值为0.7525，与O_3的相关性系数均值为−0.4078、与$PM_{2.5}$的相关性系数均值为0.8118。

探讨用SPSS曲线为BC、CO与颗粒物的相关关系选择合适的曲线模型。各种模型表达式及汇总见表8.3。

表 8.3　各种模型表达式及汇总

模型名称	表达式
线性模型	$y=a+bx$
对数模型	$y=a+b\ln x$
倒数模型	$y=a+b/x$
二次模型	$y=ax^2+bx+c$
三次模型(抛物线模型)	$y=ax^3+bx^2+cx+d$
复合模型	$y=ab^x$
幂函数模型	$y=ax^b$
S 型模型	$y=\exp(a+b/x)$
增长模型	$y=\exp(a+bx)$
指数模型	$y=a\exp(bx)$
Logistic(逻辑斯蒂)模型	$y=a/(1+b\exp(-cx))$

注:y 为因变量 BC,x 为自变量 CO,a、b、c、d 都是常数。

将 $PM_{2.5}$ 与黑碳数据代入 SPSS 中,可以得到相应的回归模型汇总和参数估计值(表 8.4),以及回归方程模型图(图 8.4)。

表 8.4　BC 与 $PM_{2.5}$ 的回归模型汇总和参数估计值

方程	模型汇总					参数估计值			
	R^2	F 值	df1	df2	sigma 值	常数	$b1$	$b2$	$b3$
线性	0.744	436.501	1	150	0.000	877.480	36.504		
对数	0.637	263.547	1	150	0.000	−8590.482	2934.811		
倒数	0.425	111.036	1	150	0.000	6262.611	−142128.839		
二次	0.744	216.797	2	149	0.000	871.829	36.634	−0.001	
三次	0.755	152.036	3	148	0.000	1817.590	4.922	0.271	−0.001
复合	0.684	324.688	1	150	0.000	1781.632	1.008		
幂	0.683	323.517	1	150	0.000	178.946	0.696		
S	0.533	171.002	1	150	0.000	8.754	−36.423		
增长	0.684	324.688	1	150	0.000	7.485	0.008		
指数	0.684	324.688	1	150	0.000	1781.632	0.008		
Logistic	0.684	324.688	1	150	0.000	0.001	0.992		

注:自变量为 $PM_{2.5}$。

观察表 8.4 可以发现,在各模型中,利用三次曲线模型求出的 R^2 最大,为

0.755,F 值为 152.036,P 值为 0.000 符合检验,表达式为:

$$Y=4.922X^3+0.271X^2+0.001X+1817.59 \tag{8.2}$$

式中:Y 为 BC,X 为 $PM_{2.5}$。

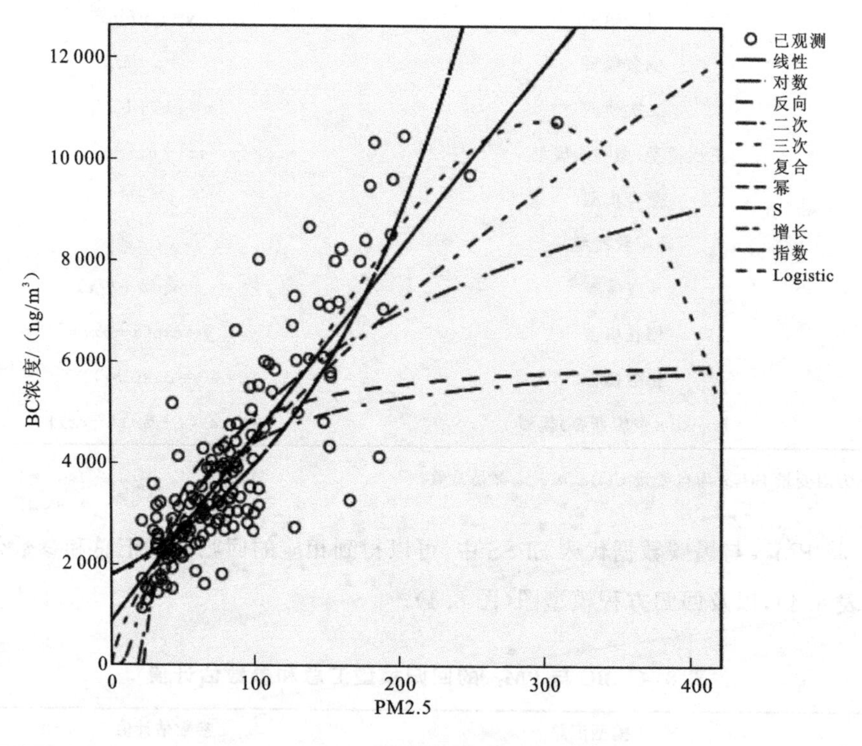

图 8.4 BC 与 $PM_{2.5}$ 各种回归方程模型图

另外,从图 8.4 也可以看出三次曲线模型的拟合程度也是较好的。

综上所述,利用三次曲线模型,表达式为 $Y=4.922X^3+0.271X^2+0.001X+1817.59$,能很好地描述 BC 浓度与 $PM_{2.5}$ 的数量关系。

用相同方法可以求出 BC 与 PM_{10}、CO 的数量关系均用三次曲线模型,R^2 最大,即拟合程度最好,表达式分别为:

$$Y=-179.966X^3+2.803X^2-0.01X+5588.061 \tag{8.3}$$

式中:Y 为 BC,X 为 PM_{10}。

$$Y=-160.752X^3+11.229X^2-0.11X+2454.995 \tag{8.4}$$

式中:Y 为 BC,X 为 CO。

8.3 武汉市城区典型黑碳污染事件的轨迹分析

一个地区的黑碳污染除了本地污染源之外,还与外来污染源有关。在一定天气条件下，外来污染物会随着气流输送到该地区（陈超等，2015），影响黑碳质量浓度水平。针对黑碳污染较重时期，运用混合单粒子拉格朗日综合轨迹模式（hybrid single particle lagrangian integrated trajectory model 4，HYSPLIT4）对武汉地区空气气块进行运动轨迹分析，以了解黑碳气溶胶的来源、路径。

8.3.1　三个高度层气团运动轨迹的季节差异分析

运用 HYSPLIT4 模型后向轨迹方法对武汉地区三个高度层 100 m、500 m、750 m 空气气团按照不同季节进行运动轨迹分析，可以了解黑碳气溶胶的来源。

（1）夏季

2015 年夏季（如图 8.5(a)），100 m 高度上起源于北太平洋北部、白令海峡南部附近海域的空气气团向东依次经过美国本土、北大西洋、地中海，中亚，到达我国新疆地区。与此同时 500 m 高度上来自我国东北和朝鲜半岛北部的空气气团也向东经过全球大范围的运动之后，到达此地，然后两股气流合二为一，大致沿东北一东南方向经过俄罗斯南部、蒙古、内蒙古、山西、河南等地，到达武汉地区。而 750 m 高度上，起源于北太平洋海域的空气气团在其附近作辗转运动，最终向西经过日本南部，在山东地区登陆，然后北上在蒙古境内作类似“8”运动轨迹，最后南下到达武汉。

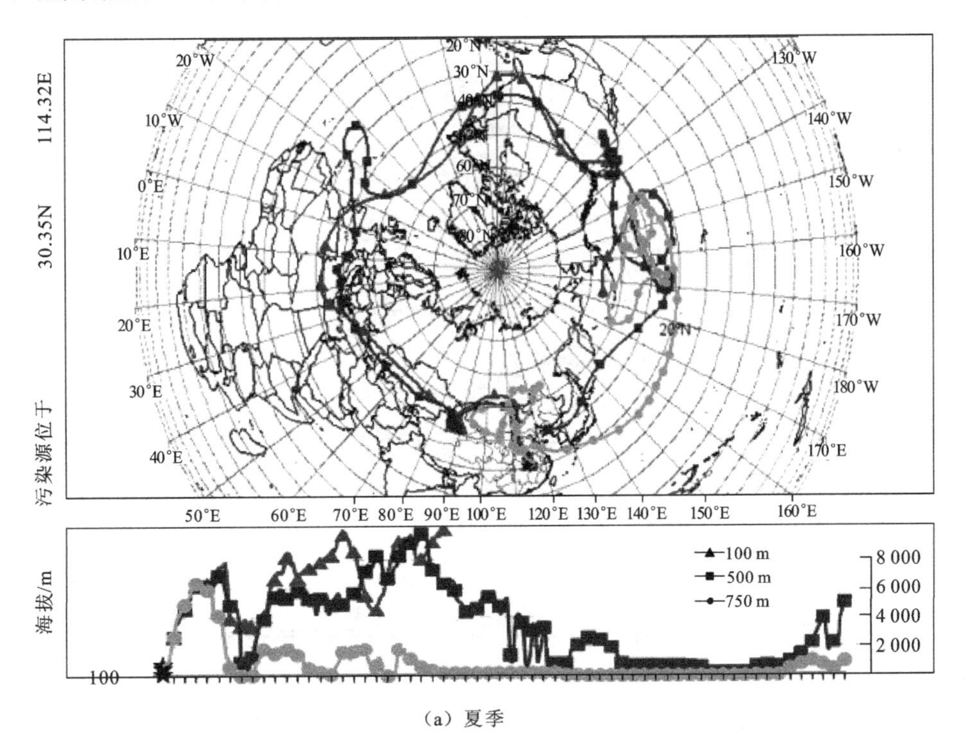

(a) 夏季

图 8.5　武汉市 2015 年夏季～2016 年春季气流运动的轨迹分析示意图

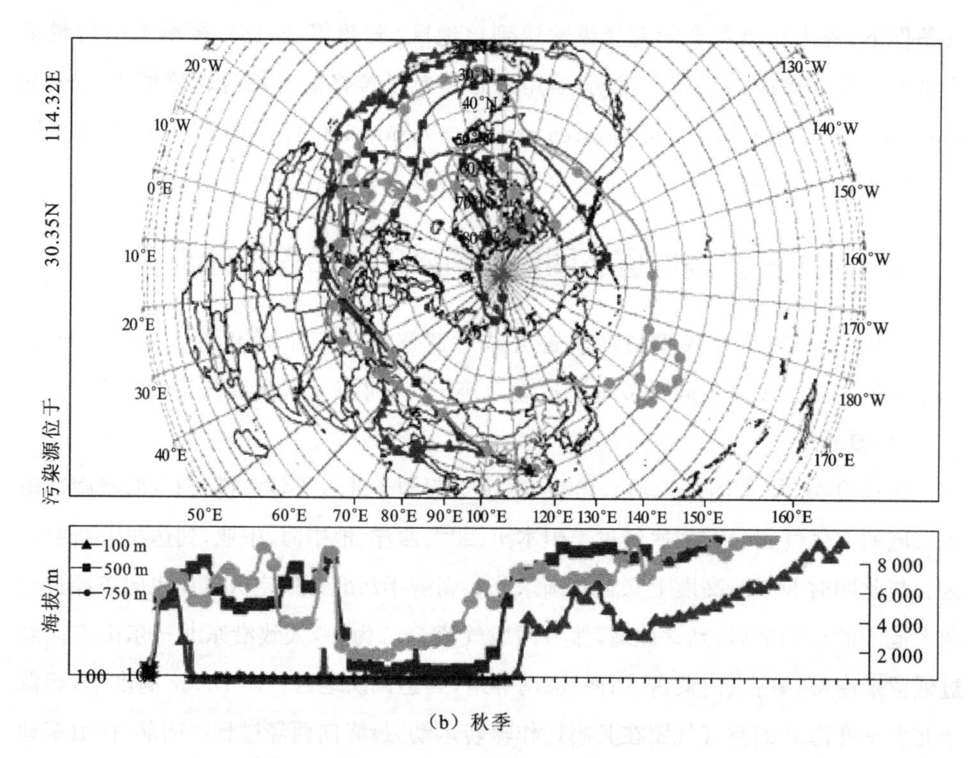

(b) 秋季

图 8.5 武汉市 2015 年夏季～2016 年春季气流运动的轨迹分析示意图(续)

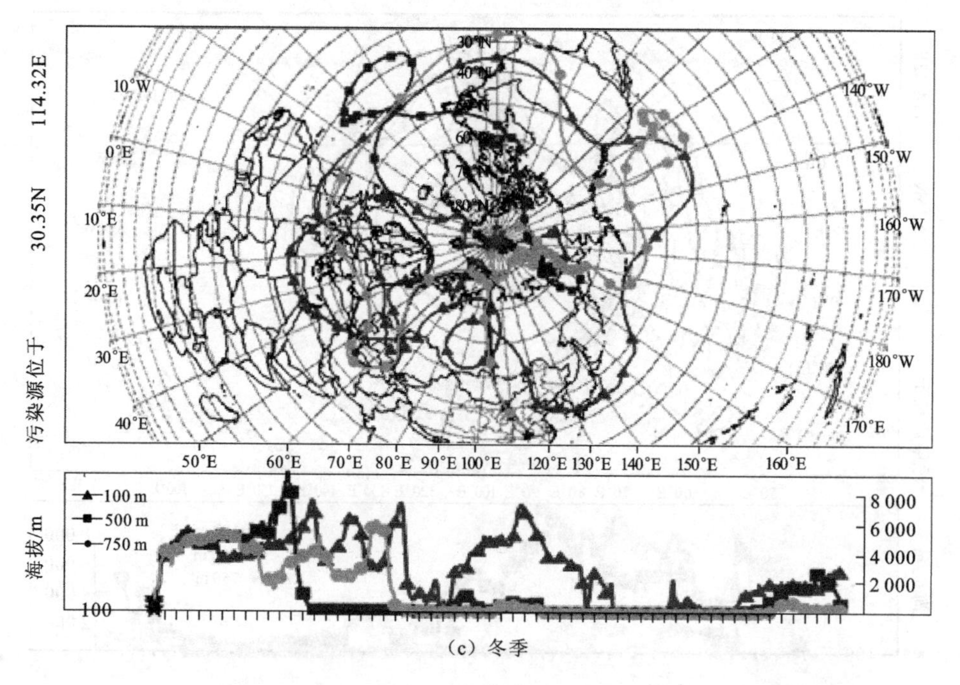

(c) 冬季

图 8.5 武汉市 2015 年夏季～2016 年春季气流运动的轨迹分析示意图(续)

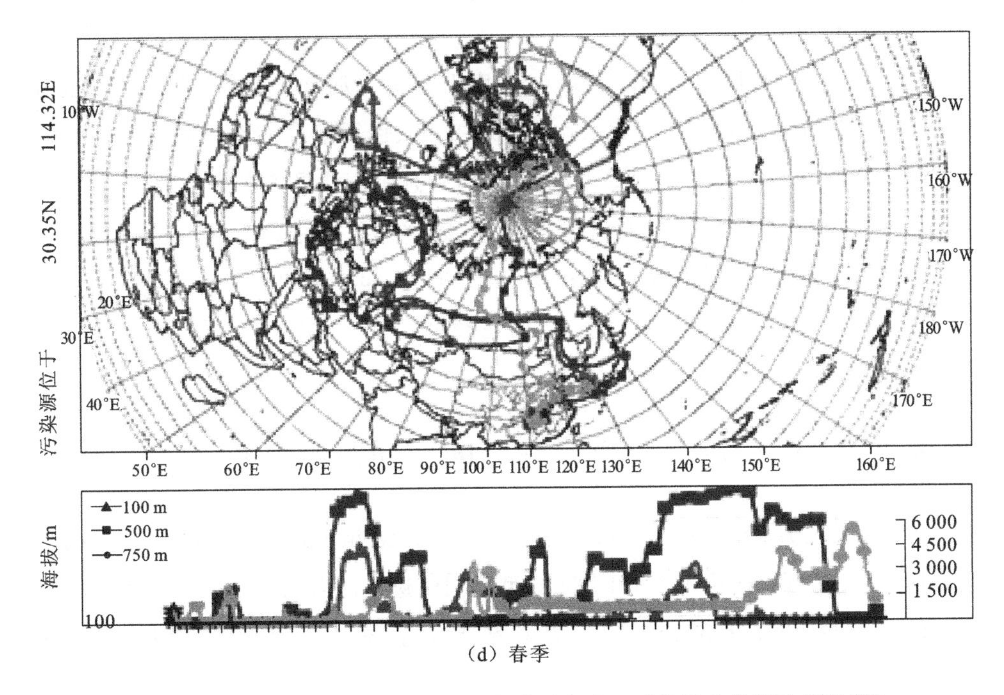

(d) 春季

图 8.5　武汉市 2015 年夏季～2016 年春季气流运动的轨迹分析示意图(续)

(2)秋季

2015 年秋季(如图 8.5(b)),100 米高度上环流起源于美国东海岸、北大西洋附近海域的空气气团向东经过地中海、西亚、巴基斯坦、印度北部,到达我国西藏和青海地区,与 500 m 高度来自加拿大东北部、北太平洋附近海域的空气气团经过复杂运动后一同汇合,而此时 750 m 高度上起源于加拿大北方、北冰洋附近海域的空气气团向东穿越北半球大部分区域后,也运动至此。最后三股气流一起沿东南方向经过甘肃、陕西、河南等地到达武汉地区。

(3) 冬季

2015 年冬季(如图 8.5(c)),100 m、500 m、750 m 高度上的三个空气气团均起源于俄罗斯远东和北冰洋附近地区,并且各自大概沿着北纬 45°纬线圈向东运动,其中在北极地区进行多次不规则的重复运动,最后一起在俄罗斯北部的北冰洋海域汇合,然后一路南下,穿越俄罗斯、蒙古中部、内蒙古、山西、河南等地,到达武汉地区。在冬季前期,空气质点的高度均在 2 000 m 以下;到了中期,100 m 高度的气流的空气质点先上升到 6 000 m 以上,后下降至 2 000 m 以后,其他的两股气流则不驳变;而在后期,三股气流的空气质点高度均上升至 2 000 m 以上,变化趋势基本一致。

(4)春季

2016 年春季(如图 8.5(d)),100 m 高度上起源于加拿大北部、北冰洋附近海域的空气气团向东经过格陵兰岛、北大西洋、北欧、俄罗斯西北部,到达西亚地区,在俄罗斯中南部与 500 m 高度上来自西北欧,并且围绕北极依次穿越俄罗斯中部、加拿大北部、地中海等地区的空气气团相遇,然后大致沿中国东北、日本群岛、江苏、安徽的路线到达武汉地区。而在 750 m 高度上,起源于加拿大中部地区的空气气团在北极附近作多次不规则运动后,向南经过俄罗斯、蒙古、我国黄海、江苏、安徽等地到达武汉地区。

8.3.2 污染日三个高度层气团运动轨迹分析

本书选取 2015 年 7 月 17 日、10 月 17 日和 2016 年 1 月 17 日、4 月 17 日四个黑碳污染较重时段,运用 HYSPLIT4 模型后向轨迹方法对武汉地区空气气块进行运动轨迹分析,以了解黑碳气溶胶的来源、路径。图 8.6 为不同日期武汉地区 168h 后向轨迹图。

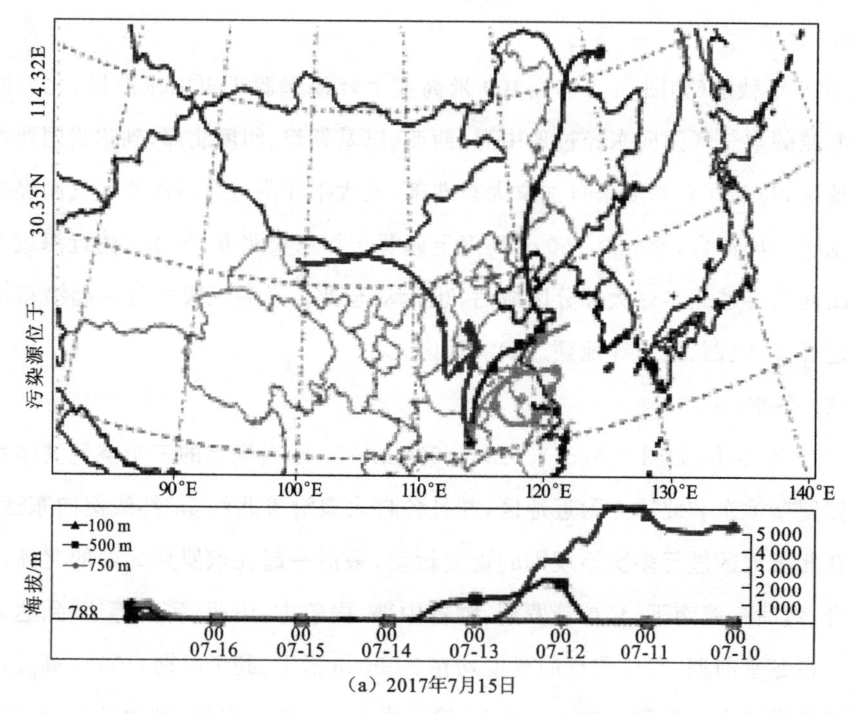

(a) 2017年7月15日

图 8.6 不同日期武汉地区 168h 后向轨迹图

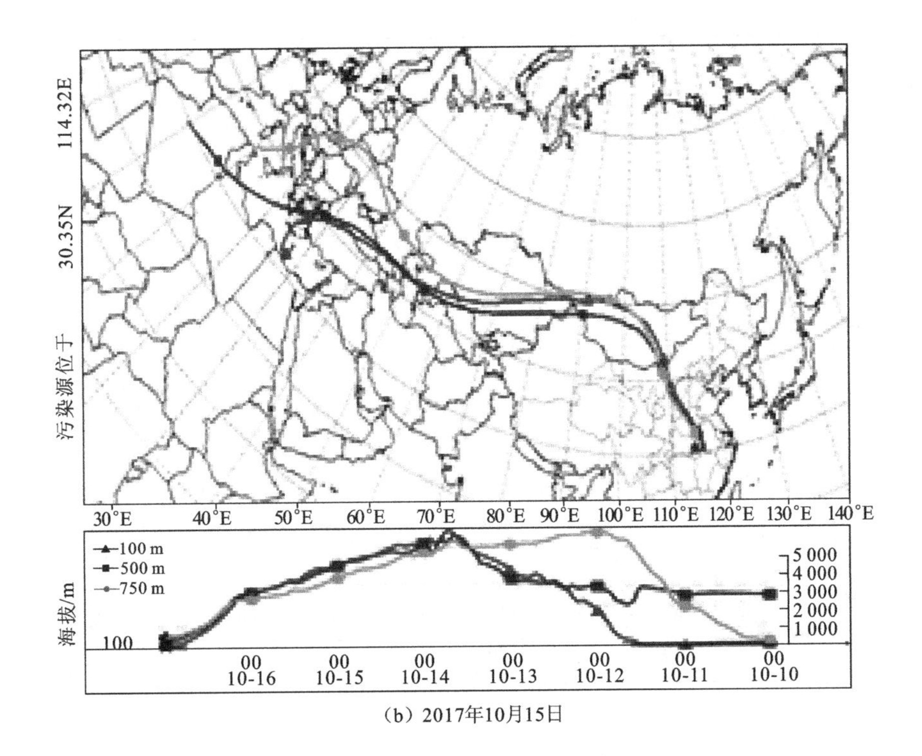

(b) 2017年10月15日

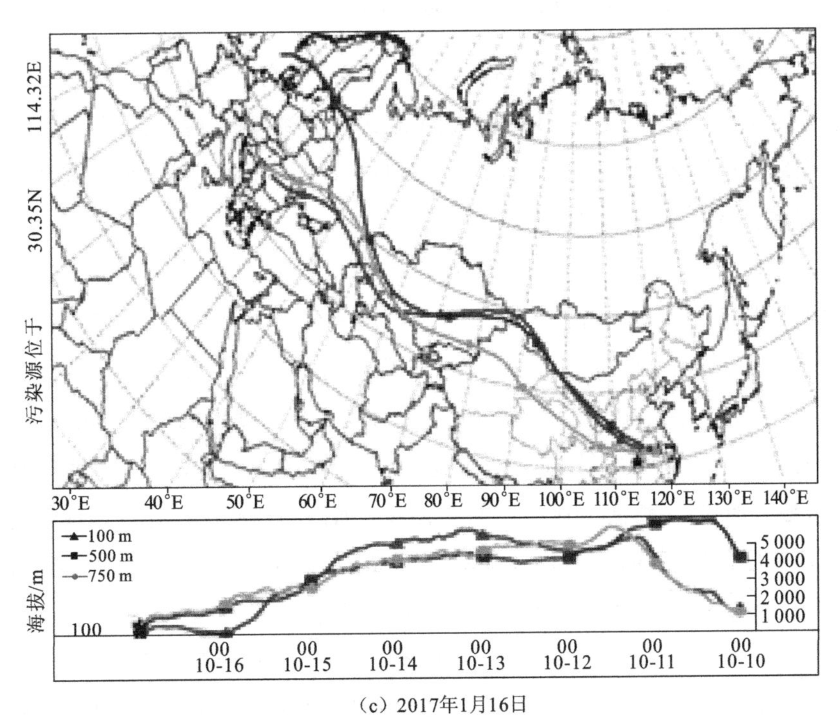

(c) 2017年1月16日

图 8.6　不同日期武汉地区 168h 后向轨迹图(续)

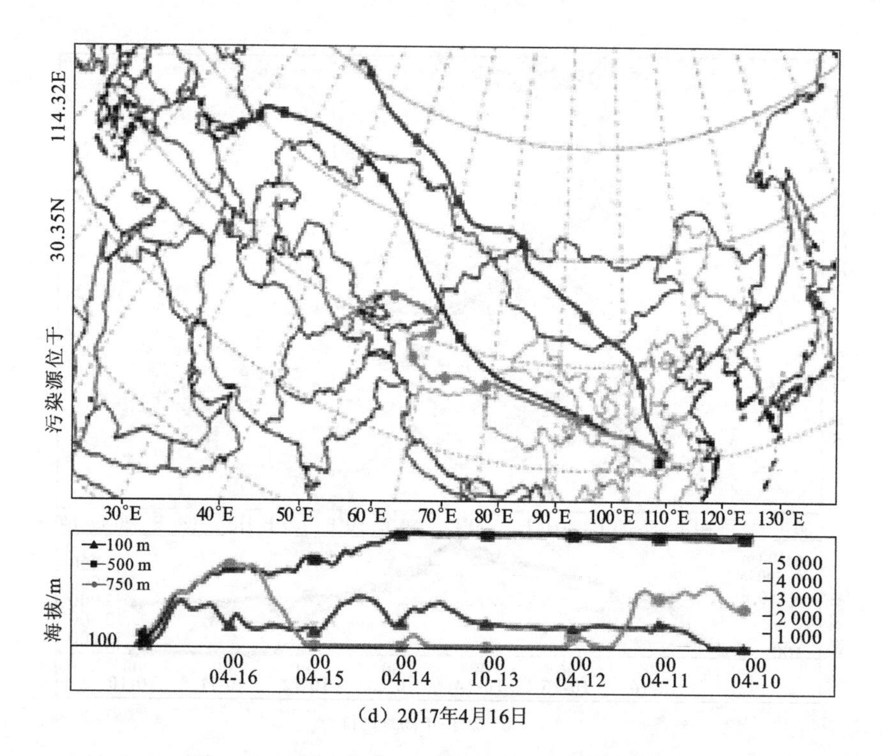

(d) 2017年4月16日

图 8.6　不同日期武汉地区 168h 后向轨迹图(续)

(1) 2015 年 7 月 17 日,如图 8.6(a)所示。三个高度层的空气气团主要来自北方,分别起源于我国内蒙古、俄罗斯远东地区和黄海海域,途径河北、陕西、山西、安徽、河南等污染较重地区,行进路线短,并且后期空气质点高度降低,易将空气污染物携带到武汉地区,形成集聚。

(2) 2015 年 10 月 17 日,如图 8.6(b)所示。100 m、500 m、750 m 高度上的三个空气气团拥有相近的来源——地中海和高度一致的运动路线,在经过中亚地区到达蒙古后,沿东南方向穿过内蒙古、山西、河南等地到达武汉地区。

(3) 2016 年 1 月 17 日,如图 8.6(c)所示。三个高度上的空气气团主要来自东北方向的欧洲大陆,向东经过长途输送,到达蒙古地区后,受蒙古—西伯利亚高压影响,势力加强,一路南下穿过内蒙古、山西、河南到达武汉。这一路线经过我国传统的污染区,是重要的污染输送通道,在冬季传统污染季节的叠加作用下,这一时期的武汉地区黑碳平均浓度处于全年中的较高水平。

(4) 2016 年 4 月 17 日,如图 8.6(d)所示。与 500 m 高度上起源于中亚地区的空气气团相比,100 m、750 m 高度上的空气气团则来自较远的东欧、俄罗斯西部附近地区。但是 500 m、750 m 高度空气气团沿新疆—青海—陕西—河南“西部通道”输送到武汉;而 100 米高度空气气团则朝东南方向经过“北方通道”,输送至武汉地区。

参 考 文 献

陈超,何曦,杨乐,2015.杭州市环境空气中黑碳质量浓度变化特征.环境监测管理与技术,27(1):60-62.

陈亮,2011.基于WRF模型的区域气候模拟试验及评估.北京:中国科学院.

程念亮,李红霞,孟凡,等,2015.山东省空气质量预报平台设计及其预报效果评估.环境污染与防治,37(9):92-99.

程兴宏,2008.空气质量模式“源同化”模型及排放源影响效应研究.北京:中国气象科学研究院.

付维雅,2010.第三代空气质量模型的研究与应用.西安:陕西师范大学.

胡海波,刘超,张媛,等,2011.CAM3.0模式中黑碳及硫酸盐气溶胶浓度变化对东亚春季气候的影响研究.气象科学,31(4):466-474.

李剑东,毛江玉,王维强,2015.大气模式估算的东亚区域人为硫酸盐和黑碳气溶胶辐射强迫及其时间变化特征.地球物理学报,58(4):1103-1120.

李明君,陈东升,程水源,等,2011.遗传算法用于CMAQ模式污染源清单优化的研究.北京工业大学学报,37(12):1862-1868.

李鑫,刘煌,2013.CAM5模式中两气溶胶模块的评估应用.气象学报,24(1):75-86.

马欣,陈东升,温维,等,2016.应用WRF-chem探究气溶胶污染对区域气象要素的影响.北京工业大学学报,2:285-295 .

美国国际气象数据中心.(2015-07-01)[2016-07-01].http://www.cgd.ucar.edu/cas/catalog/.

聂邦胜,2008.国内外常用的空气质量模式介绍.江苏环境科技,21(1):1-2.

皮子坤,贾廷贵,宫福强,等,2014.基于CMAQ模型的大连市大气氮湿沉降模拟研究.环境科学学报,34(12):3112-3118.

气象家园论坛.(2008-03-14)[2015-08-21].http://bbs.06climate.com/forum.php? mod=viewthread&tid=37293

清华大学MEIC模型源清单.[2015-10-15]http://www.meicmodel.org/

沈劲,王雪松,李金凤,等,2011.Models-3/CMAQ和CAMx对珠江三角洲臭氧污染模拟的比较分析.中国科学:化学,41(11):1750-1762.

孙龙,2011.CMAQ模型的并行效率优化研究.西安:陕西师范大学.

王晓君,马浩,2011.新一代中尺度预报模式(WRF)国内应用进展.地球科学进展,26(11):1191-1199.

王益柏,费建芳,黄小刚,2009.应用Models-3/CMAQ模式对华北地区一次强沙尘天气的研究初探.气象,35(6):46-53.

王占山,李晓倩,王宗爽,等,2013.空气质量模型CMAQ的国内外研究现状.环境科学与技术,36(6):386-391.

武传宝,解玉磊,2013.CMAQ模型在乌鲁木齐大气污染治理中的应用潜力.华北电力大学学报

(社会科学版),6:18-20.

武汉市环保局网站.(2015-07-01)[2016-07-01]. http://www. whepb. gov. cn/.

闫文君,刘敏,刘世杰,等,2016. 基于CMAQ模式的中国大气BaP迁移转化模拟研究. 中国环境科学,36(6):1681-1689.

张礼俊,2010. 基于Model-3/CMAQ的珠江三角洲区域空气质量模拟与校验研究. 广州:华南理工大学.

张骁,汤洁,武云飞,等,2015. 2006—2012年北京及周边地区黑碳气溶胶变化特征. 中国粉体技术,21(4):24-29.

张小曳,孙俊英,王亚强,等,2013. 我国雾-霾成因及其治理的思考. 科学通报,58(13):1178-1187.

赵树云,智协飞,张华,等,2014. 气溶胶-气候耦合模式系统BCC_AGCM2. 0. 1_CAM气候态模拟的初步评估. 气候与环境研究,19 (3):265-277.

朱厚玲,2013. 我国地区黑碳气溶胶时空分布研究. 北京:中国气象科学研究院.

Adescription of the advanced research WRF version. http://www2. mmm. ucar. edu/wrf/users/docs/arw_v3. pdf.

Advanced-Research WRF dynamics and numeric. http://www2. mmm. ucar. edu/wrf/users/docs/wrf-dyn. html.

Appel K W, Chemel C, Roselle S J, et al. , 2012. Examination of the community multi-scale air quality (CMAQ) model performance over the North American and Europe an domains. Atmospheric environment, 53(6):142-155.

ARL数据. ftp://arlftp. arlhq. noaa. gov/pub/archives.

Borge R, Lopez J, Lumbreras J, et al. , 2010. Influ ence of boundary conditions on CMAQ simulations over the Iberian Peninsula . Atmospheric environment, 44(23):2681-2695.

BYUND D, SCHERE K L, 2006. Review of the governing equations, computational algorithms, and other components of the models-3 community multiscale air quality (CMAQ) modeling system. Applied mechanics reviews, 59(2):51-77.

CMAQ version 5. 1 (November 2015 release) technical documentation. https://www. airqualitymodeling. org/index. php/CMAQ_version_5. 1_(November_2015_release)_Technical_Documentation.

CMAQv5. 1readme file. https://www. airqualitymodeling. org/index. php/CMAQv5. 1_Readme_file.

CMAQv5. 1two-way model release notes. https://www. airqualitymodeling. org/index. php/CMAQv5. 1_Two-way_model_release_notes.

CMAQv5. 2operational guidance document. https://github. com/USEPA/CMAQ/blob/5. 2/DOCS/User_Manual/README. md.

CMAQ官网. https://www. cmascenter. org/index. cfm.

Ding A J, Huang X, Nie W, et al. , 2016. Enhanced haze pollution by blackcarbon in megacities in China. Geophysical research letters, 43:2873-2879.

HYSPLIT 模型官网. http://www. arl. noaa. gov/HYSPLIT_info. php.

Jiang C,Wang H,Zhao T,et al. ,2015. Modeling study of PM2. 5 pollutant transport across cities in China's Jing-Jin-Ji region during a severe haze episode in December 2013. Atmospheric chemistry physics,15:5803-5814.

Khiem M,Ooka R,Huang H,et al. ,2011. A numerical study of summer ozone concentration over the Kanto area of Japan using the MM5/CMAQ model. Journal of environmental sciences,23(2):236-246.

Lee D, Byun D W, Kim H, et al. , 2011. Improved CMAQ predictions of particulate matter utilizing the satellite-derived aerosol optical depth. Atmospheric environment, 45 (22): 3730-3741.

MeteoInfo 官网. http://www. meteothinker. com.

NNDC CLIMATE DATA ONLINE. https://www7. ncdc. noaa. gov/CDO/cdopoemain. cmd? datasetabbv=DS3505&countryabbv=&georegionabbv=&resolution=40.

Smyth S C,Jiang W M,Yin D Z,et al. ,2006. Evaluation of CMAQ O_3 and $PM_{2.5}$ performance using Pacific 2001 measurement data. Atmospheric environment,40(15):2735-2749.

User's guides for the advanced research WRF (ARW) modeling system, version 3. http://www2. mmm. ucar. edu/wrf/users/docs/user_guide_V3. 9/ARWUsersGuideV3. 9. pdf.

WRF ARWonline tutorial. http://www2. mmm. ucar. edu/wrf/OnLineTutorial/index. htm.

WRF v2software tools and documentation. http://www2. mmm. ucar. edu/wrf/WG2/software_2. 0/index. html.

WRF. http://bbs. 06climate. com/forum. php? mod=viewthread&tid=35248.

WRFmodel physics options and references WRF. http://www2. mmm. ucar. edu/wrf/users/phys_references. html.

Zhang X L,Rao R Z,Huang Y B,et al. ,2015. Black carbon aerosols in urban central China. Journal of ouantitative spectroscopy and radiative transfer,150:3-11.

Zhuang B L,Wang T J,Liu J,et al. ,2014. Continuous measurement of black carbon aerosol in urban Nanjing of Yangtze River Delta,China. Atmospheric environment,89(2):415-424.

